CLIMATOLOGIE

Et la dynamique atmosphérique

José Ruiz Watzeck

WATZECK HOME STUDIUS DIGITAL

TABLE DES MATIÈRES

PRÉFACE

La climatologie est un domaine d'étude essentiel et dynamique qui nous offre un regard pénétrant sur les régimes météorologiques complexes qui façonnent notre planète. Ce livre a été méticuleusement conçu pour répondre aux besoins des étudiants universitaires et des passionnés de climatologie, offrant une compréhension globale des principes fondamentaux et des interactions complexes qui régissent les systèmes climatiques mondiaux et régionaux.

Dans les prochaines pages, nous entreprendrons un voyage qui commence par présenter le vaste territoire de la climatologie, contextualiser son importance et décrire les méthodes de recherche qui sous-tendent cette discipline.

Nous explorerons en profondeur la structure et la composition de l'atmosphère terrestre, les principes du rayonnement solaire et son rôle crucial dans la régulation thermique de la Terre. Nous comprendrons la circulation atmosphérique mondiale et les subtilités des systèmes frontaux et des perturbations atmosphériques qui influencent directement notre météo quotidienne.

Nous explorerons les différents types de climats, des latitudes moyennes aux régions tropicales, arides et polaires. Chacun de ces climats a ses propres caractéristiques et implications pour la vie sur Terre.

La discussion ne se limite pas au présent, mais couvre également le changement climatique et son impact indéniable sur nos écosystèmes et les communautés mondiales. Nous aborderons les stratégies d'adaptation et d'atténuation, en reconnaissant l'urgence d'une action collective.

Le livre se terminera par un aperçu des outils et modèles avancés utilisés en climatologie contemporaine, soulignant le rôle crucial de la technologie dans la recherche et la prévision du climat.

Chaque chapitre est enrichi d'études de cas, de graphiques perspicaces et d'activités pratiques, visant à offrir une expérience d'apprentissage engageante et applicable.

J'espère sincèrement que ce livre deviendra une source précieuse de connaissances et d'inspiration pour tous ceux qui cherchent à comprendre et à relever les défis et les opportunités que nous présente le climat de la Terre.

CHAPITRE 1 : INTRODUCTION À LA CLIMATOLOGIE

La climatologie, en tant que discipline scientifique de grande envergure, englobe un certain nombre de domaines d'études interconnectés qui, ensemble, forment une compréhension globale des modèles et des processus climatiques. Cette introduction vise à proposer une analyse détaillée des principaux domaines d'études qui composent la climatologie contemporaine.

1.1 Climatologie dynamique

La climatologie dynamique constitue l'un des principaux domaines d'études au sein de la discipline de la climatologie. Il se concentre sur la compréhension des mécanismes physiques qui déterminent les mouvements de l'atmosphère et le comportement des systèmes climatiques à différentes échelles temporelles et spatiales. Nous analyserons en détail les éléments et concepts fondamentaux de ce domaine d'étude.

Circulation et courants atmosphériques

La climatologie dynamique étudie la circulation atmosphérique mondiale, qui est vitale pour la répartition de la chaleur et de l'humidité dans le monde. Comprendre les modèles de courants atmosphériques, depuis les hautes altitudes jusqu'à la surface de la Terre, est essentiel pour anticiper et expliquer les variations climatiques.

Systèmes haute et basse pression

L'analyse des systèmes hautes et basses pressions est essentielle pour la climatologie dynamique. Ces systèmes influencent directement le climat d'une région donnée. Les hautes pressions apportent généralement des conditions plus stables et plus sèches, tandis que les basses pressions sont associées à des systèmes météorologiques plus instables et entraînent souvent de la pluie et de l'instabilité.

Fronts et perturbations atmosphériques

Un autre objectif important est la compréhension des fronts atmosphériques et des perturbations météorologiques. Les fronts sont des zones de transition entre des masses d'air présentant des caractéristiques différentes (par exemple température et humidité) et sont souvent associées à des changements climatiques brusques. Les perturbations atmosphériques telles que les cyclones et les anticyclones jouent un rôle important dans la détermination du temps dans une région spécifique.

Effets topographiques et courants océaniques

L'orographie (relief) et la dynamique des courants océaniques sont également des considérations importantes en climatologie dynamique. Les caractéristiques géographiques d'une région peuvent influencer les conditions météorologiques locales, créant des microclimats et des variations régionales notables.

Événements météorologiques extrêmes

Ce sous-domaine de la climatologie dynamique se concentre sur l'analyse des événements météorologiques extrêmes, tels que les ouragans, les tornades et les tempêtes violentes. Comprendre les mécanismes sous-jacents qui conduisent à la formation et à l'intensification de ces phénomènes est crucial pour prédire et atténuer leurs impacts.

Modèles et simulations climatiques

La climatologie dynamique utilise également largement des modèles climatiques informatiques pour simuler et comprendre les modèles climatiques. Ces modèles intègrent des équations physiques et dynamiques complexes pour représenter le comportement de l'atmosphère en réponse à plusieurs variables.

Une compréhension approfondie de la climatologie dynamique

est essentielle pour prévoir et comprendre les événements climatiques, depuis les régimes météorologiques quotidiens jusqu'aux variations climatiques à long terme. En outre, il est essentiel d'évaluer les implications du changement climatique actuel et de formuler des stratégies d'adaptation et d'atténuation.

L'intégration des concepts de climatologie dynamique avec d'autres sous-domaines de la climatologie offre une vision globale des phénomènes climatiques complexes qui affectent notre planète.

1.2 Climatologie synoptique

La climatologie synoptique est dédiée à l'étude des conditions atmosphériques à une échelle relativement petite, couvrant souvent des zones géographiques de plusieurs centaines à quelques milliers de kilomètres carrés. Il comprend l'analyse des systèmes frontaux, des nuages, des précipitations et d'autres phénomènes météorologiques qui se produisent sur de courtes périodes.

Analyse des cartes synoptiques

La climatologie synoptique commence par l'analyse détaillée de cartes synoptiques, qui représentent les conditions atmosphériques dans une région spécifique et à un moment précis. Ces cartes comprennent des informations sur la pression atmosphérique, la température, l'humidité, les vents et les systèmes météorologiques actuels.

Systèmes frontaux

L'un des principaux objectifs de la climatologie synoptique est l'étude des systèmes frontaux, qui sont des zones de transition entre des masses d'air présentant des caractéristiques différentes, telles que la température et l'humidité. L'interaction entre les fronts chauds et froids joue un rôle crucial dans l'évolution des conditions météorologiques locales et de l'apparition des précipitations.

Analyse des nuages et des précipitations

L'observation et l'interprétation des formations nuageuses sont fondamentales en climatologie synoptique. Différents types de nuages, tels que les cirrus, les cumulus et les nimbostratus, indiquent différents états de l'atmosphère et peuvent fournir des indices sur les conditions climatiques futures. Il est également essentiel de comprendre les processus qui génèrent les précipitations, comme la pluie, la neige et la grêle.

Fronts stationnaires et perturbations atmosphériques

En plus des systèmes frontaux en mouvement, la climatologie synoptique s'intéresse aux fronts stationnaires qui présentent un mouvement minimal. Ces fronts peuvent entraîner des conditions météorologiques persistantes. Les perturbations atmosphériques, telles que les zones de basse pression ou les systèmes orageux, sont également analysées pour comprendre comment elles influencent les conditions locales.

Microclimats et variations régionales

La climatologie synoptique explore également la formation de microclimats, qui sont des régimes météorologiques spécifiques à de petites zones géographiques. Des facteurs tels que la topographie, la proximité des plans d'eau et la végétation peuvent influencer considérablement les conditions climatiques locales.

Applications pratiques

Outre la recherche universitaire, la climatologie synoptique a des applications pratiques dans des domaines tels que l'agriculture, l'aviation, l'énergie et la gestion des ressources en eau. La capacité d'anticiper et de comprendre les variations climatiques à court terme est essentielle pour prendre des décisions éclairées dans divers secteurs.

1.3 Climatologie appliquée

La climatologie appliquée se concentre sur l'utilisation des connaissances climatologiques pour résoudre des problèmes pratiques dans divers domaines, tels que l'agriculture, la gestion des ressources en eau, l'urbanisme et les énergies renouvelables. Cela implique l'application de données et de modèles climatiques dans la prise de décision et la formulation de politiques.

Agriculture et gestion des ressources naturelles
La climatologie appliquée joue un rôle crucial dans l'agriculture en fournissant des informations sur les régimes météorologiques et des prévisions à court et à long terme. Cela aide les agriculteurs à prendre des décisions concernant la plantation, la récolte et la gestion des cultures. De plus, elle est utilisée dans la gestion des ressources en eau, contribuant ainsi à optimiser l'utilisation de l'eau dans les activités agricoles.

2. Urbanisme et infrastructures
La climatologie appliquée est fondamentale en urbanisme, notamment dans la conception des espaces publics, des bâtiments et des infrastructures pour garantir le confort thermique et la sécurité des habitants. Comprendre les conditions climatiques locales est essentiel pour atténuer les effets des événements météorologiques extrêmes et promouvoir des villes plus durables et résilientes.

Énergies renouvelables et efficacité énergétique
L'utilisation efficace des sources d'énergie renouvelables, telles que le solaire et l'éolien, dépend largement des conditions climatiques d'une région donnée. La climatologie appliquée aide à identifier les emplacements appropriés pour mettre en œuvre des projets d'énergie renouvelable et à estimer la production d'énergie au fil du temps.

Santé publique et sécurité alimentaire

Comprendre les conditions météorologiques est essentiel pour résoudre les problèmes de santé publique. La climatologie appliquée est utilisée pour surveiller et prévoir les épidémies de maladies liées au climat, telles que le paludisme et les maladies à transmission vectorielle. De plus, il est crucial pour évaluer la sécurité alimentaire, aider à prévoir les récoltes et gérer la production alimentaire.

Analyse des risques et catastrophes naturelles
La climatologie appliquée joue un rôle crucial dans l'évaluation des risques associés aux événements météorologiques extrêmes, tels que les pluies torrentielles, les inondations, les sécheresses prolongées et les ouragans. Cette analyse est essentielle pour l'élaboration de stratégies d'adaptation et d'atténuation, ainsi que pour la planification des interventions en cas de catastrophe.

L'application des connaissances climatologiques dans des secteurs pratiques et tangibles est au cœur de la climatologie appliquée. En traduisant les concepts théoriques en solutions pratiques, ce sous-domaine de la climatologie joue un rôle crucial dans la résolution des défis auxquels est confrontée la société dans un monde climatique en constante évolution.

1.4 Paléoclimatologie

La paléoclimatologie étudie les modèles climatiques passés à l'aide d'indicateurs naturels tels que les cernes de croissance des arbres, les sédiments océaniques et les carottes de glace. Ces enregistrements fournissent des informations cruciales sur les variations climatiques sur des échelles de temps beaucoup plus longues que les observations directes.

Records paléoclimatiques
La paléoclimatologie utilise un large éventail d'enregistrements naturels pour reconstituer les conditions climatiques passées. Ces enregistrements comprennent les cernes de croissance des arbres, qui fournissent des informations sur la température et la disponibilité de l'eau au fil du temps ; les sédiments océaniques, qui contiennent des traces d'organismes marins sensibles aux conditions climatiques ; et les carottes de glace, qui préservent les

calottes glaciaires formées sur des milliers d'années.

Datation et stratigraphie

Une datation précise des enregistrements paléoclimatiques est essentielle pour établir une chronologie fiable des conditions climatiques passées. Des méthodes telles que la datation au radiocarbone, la datation par luminescence et la datation par varve (couches annuelles de sédiments) sont utilisées pour déterminer l'âge des enregistrements.

Indicateur climatique

Les enregistrements paléoclimatiques fournissent ce que l'on appelle des « proxys » (ou indicateurs) des conditions climatiques passées. Par exemple, la largeur des cernes de croissance des arbres est liée à la température et à la disponibilité de l'eau pendant la période de croissance. Ces indicateurs sont utilisés pour déduire les conditions climatiques passées.

Reconstructions climatiques

A partir d'indicateurs climatiques, les paléoclimatologues réalisent des reconstitutions climatiques pour certaines périodes du passé. Ces reconstructions peuvent révéler des modèles de variabilité climatique, tels que des périodes de réchauffement ou de refroidissement planétaire et des événements météorologiques extrêmes.

Etude du changement climatique à long terme

La paléoclimatologie permet aux scientifiques de comprendre les changements climatiques à long terme survenus tout au long de l'histoire de la Terre. Cela inclut les événements climatiques majeurs tels que les glaciations et les interglaciaires, qui ont eu un impact considérable sur le paysage et les écosystèmes.

Implications pour le climat contemporain

Les informations obtenues par la paléoclimatologie ont des implications importantes pour la compréhension du climat contemporain et des projections futures du changement climatique. Ils aident à contextualiser les modèles climatiques actuellement observés et fournissent une base pour évaluer l'influence des activités humaines sur les conditions climatiques mondiales.

La paléoclimatologie joue un rôle crucial dans la construction d'une image compréhensible du changement climatique au cours des temps géologiques. Il fournit une perspective précieuse pour évaluer l'état actuel du climat et ses trajectoires futures possibles.

1.5 Climatologie et microclimatologie régionales

Ces domaines se concentrent sur l'analyse des modèles climatiques à des échelles géographiques plus spécifiques. La climatologie régionale explore les caractéristiques climatiques d'une région donnée, tandis que la microclimatologie se consacre à l'étude des conditions climatiques dans des zones extrêmement localisées, comme un parc urbain ou un flanc de montagne.

Climatologie régionale

La climatologie régionale se consacre à l'étude des caractéristiques climatiques d'une certaine région géographique, qui peut aller d'une ville à une zone couvrant plusieurs centaines de kilomètres carrés. Prend en compte les facteurs géographiques, topographiques et océaniques qui influencent le climat d'une zone donnée.

Influence de la topographie

La topographie, ou relief, joue un rôle fondamental dans la détermination du climat d'une région. Les montagnes, les vallées et les plaines influencent la circulation de l'air, la formation de systèmes de hautes et basses pressions ainsi que la répartition des précipitations et des températures.

Proximité des plans d'eau

La proximité des plans d'eau, comme les océans, les lacs et les rivières, a une influence significative sur les conditions climatiques locales. La température de l'eau peut moduler la température de l'air, affectant la stabilité atmosphérique et la formation de nuages et de précipitations.

Variabilité saisonnière et climatique

La climatologie régionale analyse la variabilité climatique saisonnière dans une zone donnée. Cela implique d'identifier les modèles météorologiques spécifiques pour différentes saisons, ainsi que les tendances à long terme susceptibles d'affecter la région.

Microclimatologie

La microclimatologie est une sous-discipline encore plus spécialisée qui se concentre sur l'analyse des conditions climatiques dans des zones extrêmement localisées, comme un parc urbain, un flanc de montagne ou une zone de végétation spécifique. Tenez compte de facteurs tels que la végétation, le type de sol et les conditions de relief qui créent des conditions météorologiques uniques à petite échelle.

Applications pratiques

La climatologie régionale et la microclimatologie ont toutes deux des applications pratiques importantes. Ils sont essentiels pour l'urbanisme, la gestion des ressources naturelles, l'agriculture de précision, l'architecture et le développement de stratégies d'adaptation au changement climatique au niveau local. En comprenant les modèles climatiques à l'échelle régionale et micro-échelle, les climatologues peuvent fournir des informations précieuses aux décideurs des communautés locales, contribuant ainsi à optimiser l'utilisation des ressources et à promouvoir le développement durable au niveau régional.

1.6 Climatologie du changement climatique

Ce domaine d'étude se concentre sur la compréhension du changement climatique mondial et de ses impacts sur les systèmes climatiques et la société. Il comprend l'analyse des causes anthropiques et naturelles du changement climatique, ainsi que la formulation de stratégies d'adaptation et d'atténuation.

Causes du changement climatique

La climatologie du changement climatique étudie les causes des variations des conditions météorologiques observées au cours des dernières décennies. Il aborde à la fois les influences naturelles, telles que l'activité volcanique et les variations solaires, et les facteurs anthropiques, tels que les émissions de gaz à effet de serre.

Gaz à effet de serre

Un point central dans ce domaine est l'étude des gaz à effet de serre, tels que le dioxyde de carbone (CO2), le méthane (CH4) et l'oxyde nitreux (N2O). Ces gaz emprisonnent la chaleur dans l'atmosphère, créant un effet de serre essentiel au maintien de la Terre habitable, mais dont la concentration croissante contribue au réchauffement climatique.

Commentaires climatiques positifs et négatifs

La climatologie du changement climatique analyse les rétroactions dans le système climatique. Certaines rétroactions amplifient les changements, comme la fonte des glaces polaires, ce qui réduit la réflectivité de la surface et absorbe plus de chaleur. D'autres peuvent atténuer les changements, comme une évaporation accrue dans les régions plus chaudes.

Modélisation climatique et projections futures

Ce domaine utilise largement des modèles climatiques informatiques avancés pour simuler et prédire les futurs modèles climatiques. Ces modèles intègrent des équations physiques et dynamiques complexes pour représenter le comportement de l'atmosphère en réponse à différents scénarios d'émissions de gaz à effet de serre.

Impacts sur les régions et les écosystèmes

La climatologie du changement climatique explore les impacts du changement climatique dans différentes régions du monde, notamment les changements dans les régimes de précipitations, l'augmentation de la fréquence et de l'intensité des événements météorologiques extrêmes et les changements dans les écosystèmes terrestres et aquatiques.

Adaptation et atténuation
En plus de comprendre les changements climatiques, ce domaine se concentre également sur les stratégies d'adaptation et d'atténuation. L'adaptation implique la mise en œuvre de mesures d'adaptation aux impacts du changement climatique, tandis que l'atténuation vise à réduire ou à éviter les émissions de gaz à effet de serre.

La climatologie du changement climatique est cruciale pour comprendre le contexte et les défis du changement climatique en cours. Il fournit une base scientifique pour l'adoption de politiques et de décisions liées au climat, ainsi que pour l'élaboration de stratégies de réponse mondiales et locales.

En comprenant les divers domaines qui composent la climatologie, les chercheurs peuvent aborder un large éventail de questions climatiques, de l'échelle mondiale à l'échelle locale. L'interconnexion de ces domaines offre une vision globale et holistique des phénomènes climatiques complexes qui régissent notre planète.

CHAPITRE 2 : L'ATMOSPHÈRE TERRESTRE : COMPOSITION ET STRUCTURE

L'atmosphère terrestre est une enveloppe gazeuse qui entoure notre planète et qui joue un rôle fondamental dans les processus climatiques et météorologiques. Comprendre sa composition et sa structure est essentiel pour la recherche et la compréhension des phénomènes atmosphériques. Ce chapitre fournit une analyse détaillée des composants et des couches qui composent l'atmosphère terrestre.

2.1 Composition de l'atmosphère

La composition de l'atmosphère est un aspect fondamental pour comprendre les processus physiques et chimiques qui se produisent sur Terre. L'atmosphère terrestre est un mélange complexe de gaz, de particules et de vapeur d'eau, qui jouent un rôle crucial dans les phénomènes météorologiques et climatiques et dans le maintien de la vie. La composition atmosphérique est caractérisée par la présence de différents composants, les principaux gaz atmosphériques étant diatomiquement stables et, par conséquent, moins réactifs.

Les principaux constituants de l'atmosphère comprennent principalement l'azote (N_2), qui représente environ 78 % du volume total, et l'oxygène (O_2), qui représente environ 21 %. Ces deux gaz, appelés gaz permanents, constituent la majeure partie de l'atmosphère et jouent un rôle essentiel dans les processus biogéochimiques globaux, notamment la respiration cellulaire et la photosynthèse.

D'autres gaz importants sont l'argon (Ar), qui représente environ 0,93 %, et le dioxyde de carbone (CO_2), qui, malgré sa concentration relativement faible (environ 0,04 %), exerce une influence significative sur l'équilibre thermique de la Terre, en raison de son rôle important. dans l'effet de serre. De plus, de petites quantités de gaz traces, tels que l'hélium (He), le méthane (CH_4), les oxydes d'azote (NOx) et l'ozone (O_3), sont présentes dans l'atmosphère à des concentrations variables.

La présence de vapeur d'eau (H_2O) est un autre facteur crucial dans la composition atmosphérique, bien que sa concentration varie considérablement en fonction du lieu et des conditions météorologiques. La vapeur d'eau joue un rôle central dans la régulation du climat, agissant comme un important gaz à effet de serre et influençant la formation des nuages et les précipitations.

Outre les gaz, l'atmosphère contient des particules en suspension, telles que des poussières, des aérosols et des gouttelettes de liquides. Ces particules jouent un rôle clé dans la formation des nuages, l'absorption et la diffusion de la lumière solaire et peuvent affecter la qualité de l'air et la santé humaine.

En résumé, l'atmosphère terrestre est un mélange dynamique de gaz et de particules qui jouent un rôle crucial dans les processus physiques, chimiques et biologiques qui se produisent sur Terre. Comprendre la composition atmosphérique est essentiel pour comprendre les phénomènes climatiques et météorologiques, ainsi que pour élaborer des politiques environnementales et des stratégies d'atténuation du changement climatique.

2.2 Variation verticale de la composition

La variation verticale de la composition atmosphérique fait référence à des changements systématiques dans les concentrations de composants atmosphériques à mesure que l'on se déplace verticalement à travers les différentes couches de l'atmosphère. Cette variation est influencée par une série de processus physiques, chimiques et dynamiques qui se produisent à différentes altitudes, et sa compréhension est essentielle pour une compréhension globale du fonctionnement du système atmosphérique.

L'atmosphère terrestre est souvent divisée en couches distinctes, la troposphère étant la couche la plus proche de la surface, suivie de la stratosphère, de la mésosphère, de la thermosphère et de l'exosphère. Chacune de ces couches présente des caractéristiques uniques en termes de température, de pression et de composition. Dans la troposphère, couche où se produisent la plupart des phénomènes météorologiques et où se trouve principalement la vie sur Terre, les concentrations des principaux composants atmosphériques diminuent avec l'altitude. La température diminue également avec l'altitude dans la troposphère, ce qui influence directement la capacité de l'air à retenir la vapeur d'eau. La variation verticale de la troposphère est influencée par des processus tels que la convection, qui transporte les masses d'air ascendantes et descendantes, et l'action des gaz et des particules. De plus, la présence d'aérosols et de polluants atmosphériques peut varier considérablement en raison des sources terrestres et des processus de dispersion.

Dans la stratosphère, au-dessus de la troposphère, une inversion de la variation verticale se produit. Dans cette couche, la concentration d'ozone (O_3) augmente avec l'altitude, formant ce qu'on appelle la couche d'ozone. Cette augmentation est due à l'absorption du rayonnement ultraviolet par l'ozone, qui contribue à la régulation thermique de la stratosphère et à la protection de la vie sur Terre contre les effets nocifs du rayonnement UV.

La mésosphère, située au-dessus de la stratosphère, se caractérise par une diminution des concentrations de gaz, car l'influence des processus photochimiques et dynamiques continue d'affecter la répartition verticale des constituants atmosphériques. Dans la thermosphère et l'exosphère, les couches les plus externes de l'atmosphère, la variation verticale de sa composition est plus complexe en raison de l'influence de phénomènes tels que l'action des particules chargées du Soleil (vent solaire), qui affectent l'ionisation des atomes. et des molécules. dans la haute atmosphère.

La variation verticale de la composition atmosphérique est

également cruciale pour comprendre des phénomènes tels que la dynamique des aurores, la formation des nuages, le transport des polluants et la répartition de la chaleur dans l'atmosphère. Des mesures précises et une surveillance continue des concentrations atmosphériques à différentes altitudes sont essentielles pour évaluer le changement climatique, la qualité de l'air et prévoir les événements météorologiques.

2.3 Structure en couches

L'atmosphère terrestre, lorsqu'elle est méticuleusement examinée en termes de composition verticale, révèle une stratification en couches complexe, chacune caractérisée par des propriétés distinctes qui jouent un rôle fondamental dans les processus atmosphériques. Cette stratification verticale est essentielle pour bien comprendre la dynamique atmosphérique.

La couche la plus proche de la surface, appelée troposphère, constitue une partie importante de l'atmosphère et détient la plus grande proportion de la masse atmosphérique. Ce domaine est non seulement la scène principale, mais aussi l'épicentre de phénomènes météorologiques importants qui influencent directement les conditions climatiques et les interactions avec la surface terrestre. Les variations de température et de pression dans cette couche sont fortement influencées par l'interaction entre le rayonnement solaire, la composition atmosphérique et les processus de convection.

La stratosphère, qui s'élève verticalement, succède à la troposphère et possède une couche d'ozone différente. Cette région est essentielle pour absorber le rayonnement ultraviolet du Soleil et joue un rôle essentiel dans la protection de la vie sur Terre contre les effets nocifs du rayonnement ultraviolet. La concentration croissante d'ozone dans cette couche avec l'altitude illustre la complexité de la variation verticale de la composition atmosphérique.

La mésosphère, la thermosphère et l'exosphère, strates ultérieures de l'atmosphère, complètent la structure verticale. La mésosphère se caractérise par une nouvelle diminution des concentrations atmosphériques, tandis que la thermosphère et l'exosphère présentent des particularités dynamiques et thermochimiques qui transcendent la compréhension conventionnelle des couches inférieures. Dans ces couches supérieures, l'interaction avec les particules chargées du vent solaire et les processus d'ionisation ajoutent une complexité supplémentaire à la variation verticale de la composition.

En résumé, la structuration verticale de l'atmosphère, à travers la troposphère, la stratosphère, la mésosphère, la thermosphère et l'exosphère, configure une tapisserie complexe de processus physiques, chimiques et dynamiques. Une compréhension détaillée de cette stratification est cruciale pour comprendre les phénomènes atmosphériques, améliorer les modèles climatiques et formuler des stratégies efficaces liées à l'environnement et au climat mondial.

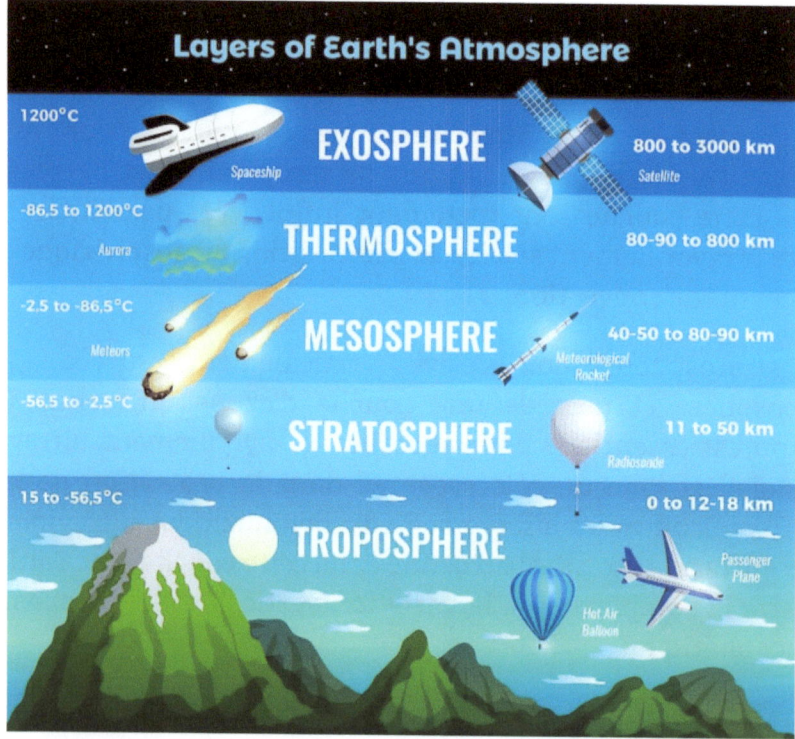

couches atmosphériques

2.4 gradient thermique vertical

Le gradient thermique vertical est un concept fondamental en météorologie et climatologie, faisant référence à la variation de la température atmosphérique en fonction de l'altitude dans une certaine région ou couche de l'atmosphère. Il s'agit d'une mesure quantitative qui décrit comment la température change verticalement lorsqu'elle se déplace à travers différentes couches.

Le gradient thermique vertical est souvent exprimé en unités de température par unité d'altitude, telles que les degrés Celsius par kilomètre (°C/km) ou les kelvins par kilomètre (K/km). Ce gradient peut être positif, négatif ou neutre, selon les caractéristiques spécifiques de l'atmosphère dans une région précise et à un moment précis.

1. Dégradé positif :

- Un gradient thermique vertical positif indique que la température augmente avec l'altitude. Ceci est plus fréquent dans la stratosphère, où la présence de la couche d'ozone provoque l'absorption du rayonnement ultraviolet et, par conséquent, une augmentation de la température avec l'altitude.

2. Dégradé négatif :

- Un gradient thermique vertical négatif se produit lorsque la température diminue à mesure que l'on monte dans l'atmosphère. Il s'agit du schéma le plus courant dans la troposphère, la couche la plus basse, où la température diminue généralement d'environ 6,5°C par kilomètre (adiabatique sec). Ce refroidissement est généralement associé à la dilatation adiabatique de l'air à mesure qu'il monte.

3. Dégradé neutre :

- Un gradient thermique vertical neutre signifie qu'il n'y a pas de variation significative de température avec l'altitude. Cela peut se produire temporairement dans des situations atmosphériques spécifiques, mais ne constitue pas un état stable à long terme.

Comprendre le gradient thermique vertical est crucial pour expliquer la formation des phénomènes météorologiques tels que les nuages, les tempêtes et les conditions météorologiques. La variation de la répartition verticale de la température influence directement les mouvements d'air, la formation d'instabilités atmosphériques et la dynamique générale de l'atmosphère. Les modèles climatiques et les prévisions météorologiques prennent en compte le gradient thermique vertical pour prédire l'évolution de la météo dans différentes régions et altitudes.

2.5 Pression atmosphérique et altitude

La pression atmosphérique est une mesure fondamentale qui décrit la force exercée par les molécules d'air sur une zone donnée. Elle varie en fonction de l'altitude, car l'atmosphère terrestre possède une structure verticale complexe. La relation entre pression et altitude est régie par les principes fondamentaux de la physique des gaz et fournit des informations cruciales pour comprendre la dynamique atmosphérique.

L'atmosphère terrestre est en grande partie concentrée dans les couches les plus proches de la surface, notamment dans la troposphère. À mesure que nous nous déplaçons verticalement, la densité de l'air diminue, influençant directement la pression atmosphérique. La diminution de la pression avec l'augmentation de l'altitude est exprimée par la notion de gradient de pression négatif. La relation mathématique entre la pression atmosphérique et l'altitude est souvent décrite par l'équation barométrique. Selon cette équation, la pression atmosphérique (P) est approximativement exponentiellement liée à l'altitude (h) par la formule suivante :

$$ P = P_0 \cdot e^{-\frac{h}{H}} $$

où :

- $ P_0 $ est la pression au niveau de la mer,

- $ e $ est la base du logarithme népérien,

- h est l'altitude,
- H est la constante barométrique.

Cette équation montre que la pression atmosphérique diminue de façon exponentielle avec l'augmentation de l'altitude. La constante barométrique, H, représente l'échelle verticale sur laquelle cette variation se produit. La valeur de H indique la vitesse à laquelle la pression atmosphérique diminue avec l'altitude.

Comprendre cette relation est essentiel pour plusieurs disciplines, notamment la météorologie, l'aviation et les sciences de l'atmosphère. Par exemple, la connaissance de la pression atmosphérique à différentes altitudes est essentielle pour calculer la densité de l'air, un paramètre vital pour l'aviation qui affecte les performances des avions. De plus, la variation de pression avec l'altitude a des implications directes sur la formation des nuages, les prévisions météorologiques et les études climatiques.

2.6 Importance écologique et climatique :

L'atmosphère terrestre, avec sa composition et sa structure complexes, joue un rôle crucial et multiforme dans le maintien de l'équilibre écologique et la détermination des modèles climatiques qui façonnent les écosystèmes mondiaux. Ce texte cherche à approfondir la compréhension de l'interrelation entre l'atmosphère, l'écologie et le climat, en mettant en évidence les aspects fondamentaux qui imprègnent ces sphères interconnectées.

La composition atmosphérique, avec ses différents gaz, joue un rôle central dans la régulation thermique de la surface terrestre. Des gaz tels que le dioxyde de carbone (CO_2) et le méthane (CH_4) participent activement au phénomène de l'effet de serre, retenant une partie du rayonnement solaire dans l'atmosphère et contribuant ainsi au maintien de températures propices à la vie sur Terre. Cependant, les activités humaines ont augmenté la concentration de ces gaz, intensifiant l'effet de serre et influençant directement les conditions météorologiques, entraînant ainsi un changement climatique important.

De plus, la composition atmosphérique a un impact direct sur la répartition des organismes dans les différents écosystèmes. La variation de la concentration d'oxygène (O_2) selon les altitudes et les régions affecte la respiration des organismes aérobies, tandis que la présence de polluants atmosphériques peut avoir des effets néfastes sur la santé des écosystèmes terrestres et aquatiques. La couche d'ozone dans la stratosphère joue à son tour un rôle essentiel dans la protection de la vie contre les rayons ultraviolets, en influençant la répartition des organismes à différentes altitudes.

Les processus météorologiques, intrinsèquement liés à la composition atmosphérique, ont des implications directes sur les modèles climatiques qui caractérisent différentes régions de la Terre. Comprendre les vents, les courants atmosphériques et les interactions entre les masses d'air est essentiel pour prédire les événements climatiques extrêmes, tels que les ouragans, les sécheresses et les inondations, qui affectent directement la biodiversité et les écosystèmes.
L'urgence d'une compréhension approfondie de ces aspects devient évidente lorsque l'on considère les défis environnementaux et climatiques contemporains. Les actions humaines, telles que la combustion de combustibles fossiles et la déforestation, modifient la composition atmosphérique, impactant la biodiversité et intensifiant les phénomènes météorologiques extrêmes. Par conséquent, la recherche et la mise en œuvre de stratégies durables deviennent essentielles pour atténuer les impacts négatifs et préserver l'intégrité des écosystèmes terrestres et aquatiques.

En résumé, l'atmosphère est un élément vital qui relie l'écologie et le climat, influençant la température, la répartition des organismes et les phénomènes météorologiques. Une compréhension approfondie de ces facteurs est essentielle pour relever les défis environnementaux émergents et promouvoir des pratiques durables qui préservent la santé de la planète et garantissent la durabilité des écosystèmes mondiaux.

CHAPITRE 3 : RAYONNEMENT SOLAIRE ET BILAN ÉNERGÉTIQUE

Le rayonnement solaire, phénomène fondamental dans le contexte de la physique atmosphérique et de l'astrophysique, constitue une source d'énergie primaire pour la Terre et joue un rôle de premier plan dans la régulation des processus climatiques et écologiques de la planète.

Le rayonnement solaire comprend l'émission d'énergie électromagnétique du Soleil, qui traverse l'espace interstellaire et atteint l'atmosphère terrestre. Ce spectre électromagnétique, qui comprend les rayonnements visibles, infrarouges et ultraviolets, est la principale source de chaleur et de lumière qui soutient la vie sur Terre. L'interaction de ce rayonnement avec l'atmosphère est un phénomène complexe, influencé par des variables telles que la composition, la densité et les caractéristiques optiques des composants atmosphériques.

L'arrivée du rayonnement solaire à la surface de la Terre déclenche une série de processus. Une partie du rayonnement est réfléchie directement dans l'espace par la surface de la Terre, tandis qu'une autre partie est absorbée par l'atmosphère et la surface. Cette absorption provoque une augmentation de la température, générant un rayonnement thermique qui est ensuite rejeté dans l'atmosphère.

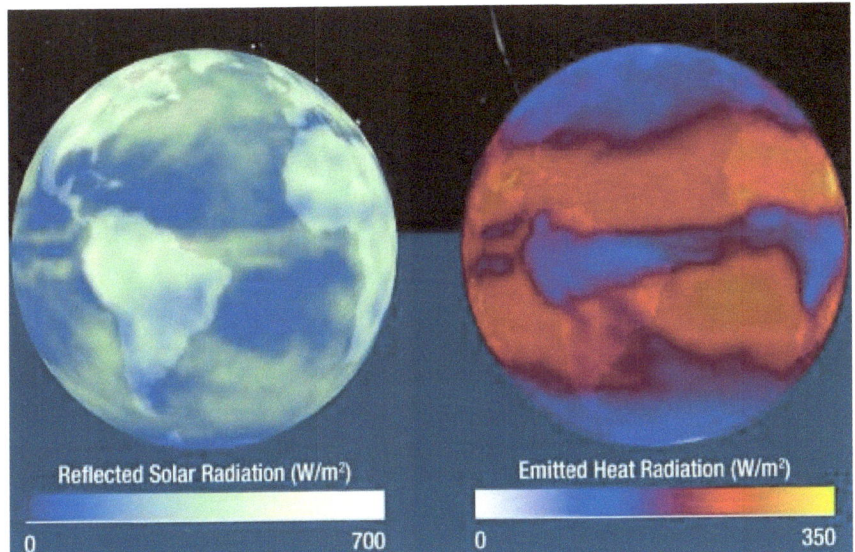

Crédit : Studio de visualisation scientifique NASA/Goddard Space Flight Center

L'absorption sélective de différentes longueurs d'onde du rayonnement solaire par l'atmosphère est un phénomène crucial pour la régulation thermique globale. Les gaz, tels que le dioxyde de carbone (CO_2) et la vapeur d'eau (H_2O), contribuent à l'effet de serre, en absorbant le rayonnement infrarouge et en maintenant la température de la surface de la Terre à des niveaux propices à la vie.

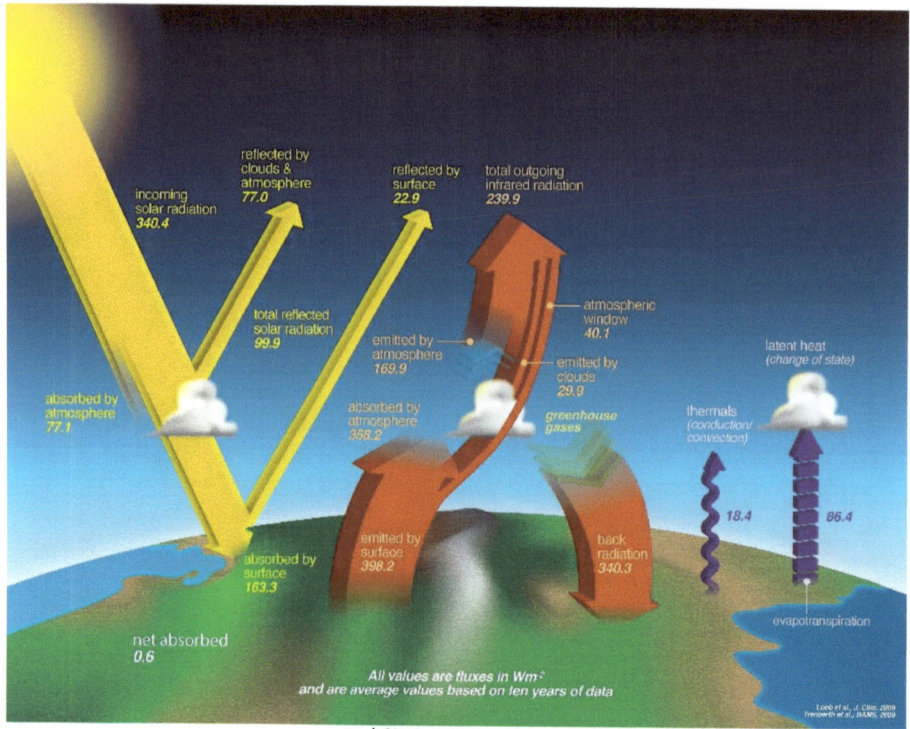

Crédit image : NASA

Une compréhension approfondie du rayonnement solaire est essentielle pour modéliser et prévoir les modèles climatiques, ainsi que pour évaluer l'impact des changements atmosphériques sur la distribution d'énergie sur Terre. En outre, la variabilité de la quantité de rayonnement solaire reçue dans différentes régions et à différentes échelles de temps est un facteur déterminant pour les écosystèmes, influençant les cycles biogéochimiques, les régimes de précipitations et les phénomènes météorologiques extrêmes. Face aux défis contemporains liés au changement climatique et à la durabilité, le rayonnement solaire apparaît comme une variable critique, nécessitant des études approfondies pour élucider ses implications multiformes. Dans ce contexte, cette exploration académique vise à établir les fondements conceptuels nécessaires à une compréhension globale de la dynamique du rayonnement solaire et de son rôle central dans les systèmes terrestres complexes.

Une analyse plus approfondie des mécanismes d'interaction du rayonnement solaire avec l'atmosphère et la surface de la Terre révèle un réseau complexe de processus physiques et chimiques.

L'absorption sélective du rayonnement ultraviolet par la couche d'ozone dans la stratosphère est un exemple emblématique, qui met en évidence l'importance de cette molécule dans le filtrage des rayonnements potentiellement nocifs, tout en permettant le passage des rayonnements essentiels à la photosynthèse et à d'autres processus biologiques en surface.

La dynamique du rayonnement solaire est également intrinsèquement liée aux modèles de circulation atmosphérique mondiale. L'intensité variable du rayonnement selon les latitudes déclenche des gradients thermiques qui, à leur tour, entraînent des mouvements de masse d'air et contribuent à la formation de systèmes climatiques régionaux.

Dans le domaine écologique, la quantité et la répartition spatiale du rayonnement solaire sont des facteurs déterminants de la productivité primaire des écosystèmes. La photosynthèse, processus vital pour la synthèse de la biomasse, est directement influencée par la disponibilité du rayonnement solaire, qui est plus important dans les régions où l'intensité lumineuse est plus élevée.

Cependant, l'interférence humaine avec la composition atmosphérique, notamment par l'augmentation des gaz à effet de serre, modifie la dynamique traditionnelle du rayonnement solaire. L'augmentation de l'effet de serre qui en résulte intensifie le réchauffement climatique, modifie les diagrammes de rayonnement et a un impact sur les écosystèmes, les glaciers et le niveau de la mer.

3.1 Propriétés du rayonnement solaire
Le rayonnement solaire, en tant qu'émission électromagnétique,

possède une série de propriétés cruciales pour comprendre son interaction avec l'atmosphère et la surface de la Terre. Dans ce sujet, nous cherchons à examiner en détail certaines des propriétés fondamentales du rayonnement solaire qui jouent un rôle majeur dans les phénomènes atmosphériques, climatiques et écologiques.

1. Spectre électromagnétique :
- Le rayonnement solaire couvre un large spectre électromagnétique, des ondes radio jusqu'aux rayons gamma. Cependant, la partie la plus importante pour la Terre se situe dans le domaine visible (lumière), infrarouge et ultraviolet. Chaque bande du spectre a des interactions différentes avec l'atmosphère et la surface de la Terre, déterminant son impact thermique et biologique.

2. Intensité et irradiation :
- L'intensité du rayonnement solaire fait référence à la quantité d'énergie solaire qui atteint une unité de surface perpendiculaire à la direction des rayons du soleil. L'irradiation solaire, quant à elle, correspond à la quantité totale d'énergie qu'une surface reçoit au fil du temps. Les deux sont cruciaux pour évaluer la disponibilité énergétique dans différentes régions de la Terre.

3. Incidence solaire et angle zénithal :
- L'incidence solaire varie en fonction de la latitude et de la saison, ce qui entraîne différents angles zénithals du Soleil. L'angle zénithal influence la quantité de rayonnement solaire qui atteint la surface de la Terre, étant plus efficace lorsque le Soleil est plus proche du zénith.

4. Réflexion, absorption et transmission :
- Lorsque le rayonnement solaire atteint l'atmosphère et la surface de la Terre, une partie est réfléchie dans l'espace, une autre partie est absorbée et une autre partie est transmise à travers l'atmosphère. Ces processus varient en fonction de la composition, de l'albédo de surface et des caractéristiques

optiques des différents composants atmosphériques.

5. Variation temporelle et spatiale :

- La quantité de rayonnement solaire reçue varie dans le temps en raison des changements de saisons et du mouvement orbital de la Terre. De plus, la répartition du rayonnement est influencée par la latitude, ce qui donne lieu à différents modèles climatiques et écologiques à travers le monde.

3.2 Processus d'interférence atmosphérique

L'interaction du rayonnement solaire avec l'atmosphère est un phénomène complexe qui va au-delà du simple passage de la lumière solaire à travers l'espace interstellaire jusqu'à la surface de la Terre. Les processus d'interférence atmosphérique jouent un rôle fondamental dans la modification des caractéristiques du rayonnement solaire, impliquant une série de phénomènes physiques qui affectent non seulement l'intensité, mais aussi la composition spectrale du rayonnement qui atteint finalement la surface de la Terre. Dans cette analyse plus détaillée, nous explorerons plus en détail les principaux processus atmosphériques qui contribuent à cette interférence.

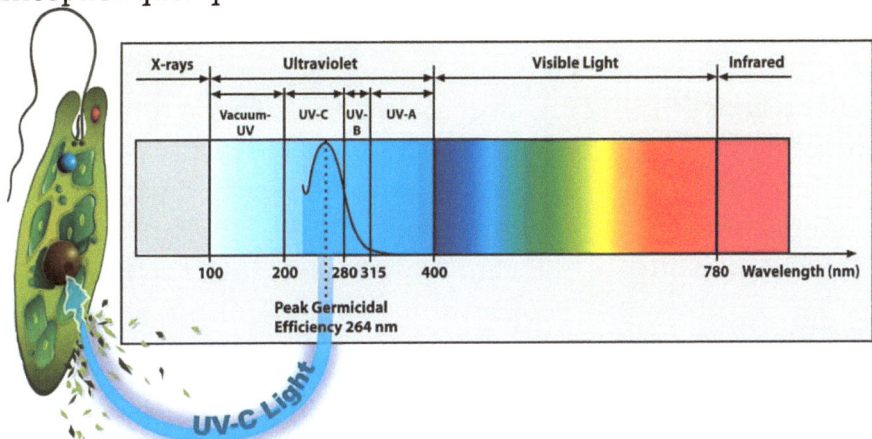

1. Absorption atmosphérique :

- L'atmosphère contient des gaz qui absorbent sélectivement certaines parties du spectre électromagnétique. Par exemple, l'ozone absorbe le rayonnement ultraviolet, tandis que la vapeur d'eau et le dioxyde de carbone absorbent le rayonnement infrarouge. Cette absorption sélective modifie l'intensité du rayonnement solaire à différentes longueurs d'onde.

2. Réflexion et diffusion :
- Une partie du rayonnement solaire incident est réfléchie vers l'espace par l'atmosphère. La diffusion Rayleigh, un processus qui se produit lorsque la lumière interagit avec des particules plus petites que sa longueur d'onde, est responsable de la dispersion prédominante des couleurs dans le spectre solaire. Ce phénomène est évident dans le ciel bleu de jour, où la lumière bleue est plus dispersée que les autres couleurs.

3. Dispersion de Mie et pollution de l'air :
- En plus de la diffusion Rayleigh, les particules plus grosses présentes dans l'atmosphère, telles que les polluants, la poussière et les aérosols, peuvent contribuer à la diffusion Mie. Cela peut conduire à des phénomènes tels que le crépuscule, lorsque les particules atmosphériques diffusent la lumière du soleil dans plusieurs directions, créant des nuances de couleur le long de l'horizon.

4. Effet de l'albédo de surface :
- La surface de la Terre joue également un rôle important dans les processus d'interférence atmosphérique. Les surfaces présentant des caractéristiques différentes réfléchissent le rayonnement de différentes manières, contribuant ainsi à l'intensité et à la composition du rayonnement renvoyé dans l'atmosphère.

5. Filtres atmosphériques à différentes altitudes :
- La présence de différents gaz et particules à différentes altitudes dans l'atmosphère crée des filtres sélectifs pour le rayonnement solaire. Par exemple, la présence d'ozone dans la stratosphère absorbe une grande partie du rayonnement ultraviolet, protégeant ainsi la vie sur Terre.

6. Variation temporelle et régionale :

- Les interférences atmosphériques varient tout au long de la journée et selon les régions géographiques, influençant les conditions météorologiques, la qualité de la lumière solaire et la répartition de l'énergie sur le spectre solaire.

Une compréhension détaillée de ces processus est essentielle pour une modélisation précise des régimes climatiques, l'interprétation des conditions atmosphériques et l'évaluation des impacts des interférences atmosphériques sur les écosystèmes. De plus, l'étude de ces phénomènes contribue à l'exploration esthétique de l'atmosphère, élucidant la beauté derrière la couleur du ciel et d'autres événements célestes.

3.3 Inclinaison de l'axe de la Terre et saisons

La subtile inclinaison axiale qui caractérise la Terre apparaît comme un protagoniste distinctif de la danse complexe qui donne naissance aux saisons. Ce phénomène cosmique complexe, dont la compréhension transcende la trivialité, fournit les coordonnées essentielles de la variation saisonnière de la réception du rayonnement solaire. La disposition angulaire de l'axe de la Terre génère une chorégraphie céleste, délimitant différents angles d'incidence solaire tout au long du cycle annuel et délimitant ainsi les différentes saisons qui orchestrent les régimes météorologiques mondiaux.

L'inclinaison de l'axe, qui marque un écart respectable par rapport à l'alignement perpendiculaire par rapport à l'orbite du Soleil, commence un puissant récit céleste. Alors que la Terre tourne autour du Soleil sur son orbite elliptique, cette inclinaison provoque une danse céleste qui offre une expérience saisonnière unique. Lorsqu'un hémisphère est incliné vers le Soleil, il connaît son été ; tandis que l'autre, dénuée de soleil, se plonge dans la saison hivernale.

Les différents angles d'incidence solaire résultant de cette inclinaison favorisent une répartition asymétrique du rayonnement à travers le monde. Aux équinoxes, lorsque les rayons du soleil frappent perpendiculairement à l'équateur, toutes les régions de la Terre bénéficient d'une répartition égale de la lumière solaire. Cependant, aux solstices, marqués par les extrémités nord ou sud de l'inclinaison axiale, une disparité unique se produit qui aboutit à des jours plus longs en été et des nuits plus longues en hiver.

La primauté de l'inclinaison axiale en tant que précurseur des saisons va au-delà des simples caprices climatiques, imprimant son influence sur la complexité du cycle biologique et comportemental des organismes. L'écologie est intrinsèquement façonnée par cette danse céleste, qui détermine les schémas de reproduction, de migration et d'hibernation en réponse aux métamorphoses saisonnières.

Une compréhension approfondie de ces oscillations saisonnières évoque non seulement une appréciation esthétique du cosmos dans sa splendeur, mais constitue également une base essentielle pour interpréter les modèles météorologiques mondiaux complexes. L'équilibre délicat établi par l'inclinaison de l'axe est une symphonie cosmique qui perpétue la diversité climatique de la Terre, emmenant scientifiques, poètes et philosophes dans un voyage de contemplation face à la grandeur céleste.

3.4 Bases du bilan énergétique

Le bilan énergétique de la Terre résulte de l'équation entre la quantité d'énergie solaire reçue et la quantité émise dans l'espace. La surface de la Terre absorbe le rayonnement solaire, se réchauffe et émet ensuite un rayonnement thermique sous forme d'infrarouge. Cet équilibre dynamique détermine les conditions climatiques mondiales.

3.5 Transfert de chaleur dans l'atmosphère

Le transfert de chaleur dans l'atmosphère est un phénomène complexe et multiforme, vital pour la régulation thermique de la Terre et la formation des conditions météorologiques. Ce processus dynamique fait intervenir trois mécanismes principaux : le rayonnement, la conduction et la convection, chacun jouant un rôle différent dans la redistribution de l'énergie thermique entre la surface terrestre et l'atmosphère.

1. Rayonnement thermique :

- Le rayonnement est la principale méthode de transfert de chaleur dans l'atmosphère. Le Soleil émet un rayonnement électromagnétique, principalement sous forme de lumière visible, qui voyage à travers l'espace et atteint l'atmosphère terrestre. Ce rayonnement est absorbé par les gaz, les nuages et les surfaces terrestres, ce qui provoque un échauffement de ces composants. Ces éléments renvoient ensuite une partie de cette chaleur dans l'atmosphère sous forme de rayonnement thermique.

2. Conduction thermique :

- La conduction est le processus par lequel la chaleur se propage à travers des substances solides ou entre des substances en contact direct. Dans l'atmosphère, la conduction thermique se produit principalement dans la couche limite planétaire, près de la surface de la Terre. Les molécules d'air en contact avec la surface chauffée gagnent de l'énergie cinétique, la transférant aux molécules adjacentes, générant ainsi un flux de chaleur. Cependant, la conduction est plus efficace dans les solides que dans les gaz et est relativement moins importante dans l'atmosphère.

3. Convection atmosphérique :

- La convection est le processus dynamique de transfert de chaleur qui implique le mouvement physique des masses d'air. L'air chaud, devenant moins dense, s'élève en créant des courants ascendants. À mesure que l'air monte, il se refroidit et finit par redescendre dans des zones de densité plus élevée. Ce cycle de convection forme des courants atmosphériques verticaux, comme des cellules convectives qui contribuent à la circulation globale de l'atmosphère.

Ces trois mécanismes ne fonctionnent pas isolément, mais sont interconnectés dans un ballet thermodynamique complexe. Le

Soleil, en tant que principale source de chaleur, déclenche le processus de rayonnement qui réchauffe l'atmosphère et la surface de la Terre. La conduction agit dans la couche la plus proche de la surface, tandis que la convection façonne les modèles atmosphériques, transportant la chaleur verticalement et influençant les conditions météorologiques.

3.6 Rôle de l'eau dans le bilan énergétique

La participation notable de la vapeur d'eau à l'immensité céleste apparaît comme un protagoniste de premier plan dans le tableau énergétique complexe qui donne vie à l'atmosphère terrestre. Son éminence transcende les simples rôles de soutien, se révélant comme une entité vitale dans le panorama ésotérique de l'équilibre énergétique planétaire. Outre son rôle indéniable dans la régulation subtile des schémas d'absorption et d'émission du rayonnement thermique, la vapeur d'eau acquiert la catégorie de protagoniste principal. Son influence s'étend de manière cruciale à la formation majestueuse des nuages et aux processus arcaniques de condensation, dans lesquels il libère une chaleur latente, conférant une éloquence unique au tissu atmosphérique. Dans ce décor complexe, la vapeur d'eau apparaît comme la pièce maîtresse, tissant les récits les plus raffinés et les plus essentiels du ballet énergétique qui orchestre les destinées climatiques de la Terre.

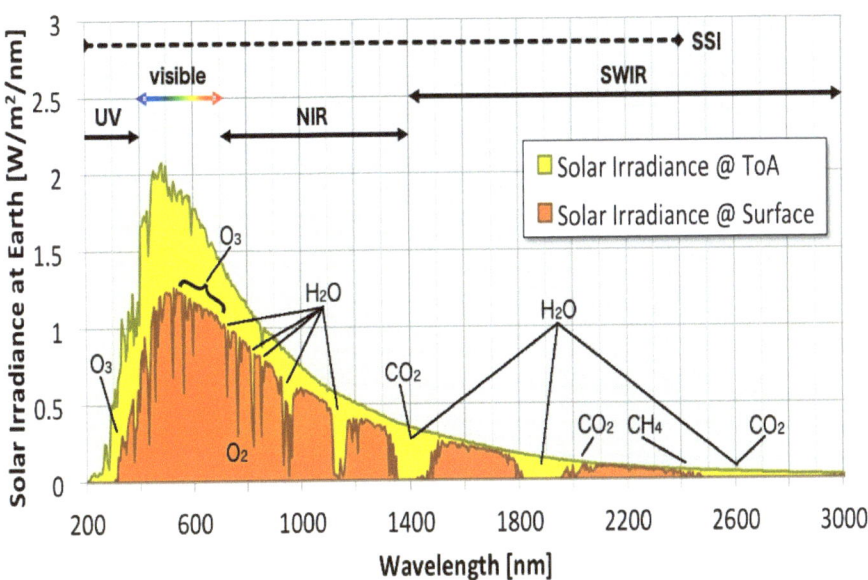

Crédit image : NASA

CHAPITRE 4 : CIRCULATION ATMOSPHÉRIQUE GLOBALE

La circulation atmosphérique globale, un chef-d'œuvre complexe, joue un rôle transcendantal dans le tissu complexe qui régule la distribution thermique dans notre sphère terrestre. Ce traité d'introduction vise à révéler les principes profonds qui régissent les mouvements atmosphériques, décrivant, avec une précision exquise, la dynamique orchestrée de la circulation atmosphérique à l'échelle planétaire.

Dans ce recueil érudit, nous nous aventurerons dans les nuances sophistiquées qui sous-tendent cette chorégraphie céleste. Nous explorerons les complexités délicates qui composent cette symphonie atmosphérique mondiale, des alizés qui caressent les tropiques aux imposants courants-jets qui dessinent les cieux élevés. Chaque mouvement, chaque tour atmosphérique, sera décortiqué avec la précision des maîtres artisans, offrant une vision élargie de la danse majestueuse de la circulation atmosphérique.

En traçant ces trajectoires complexes de mouvement de l'air, nous révélons non seulement les processus physiques intrinsèques, mais également les influences géophysiques qui façonnent les climats régionaux et les singularités météorologiques. Cette exposition propose donc une plongée profonde dans la merveille dynamique qu'est la circulation atmosphérique, emmenant les lecteurs dans un voyage réflexif à travers les entrailles complexes de l'atmosphère terrestre.

4.1 Forces motrices : gradient de pression et force de Coriolis

Comprendre les forces motrices de l'atmosphère est essentiel pour comprendre les modèles de mouvement de l'air à différentes échelles temporelles et spatiales. Deux forces fondamentales qui influencent le mouvement atmosphérique sont le gradient de pression et la force de Coriolis.

1. gradient de pression :

- Le gradient de pression est le principal moteur du mouvement de l'air dans l'atmosphère. Elle résulte de la variation de la pression atmosphérique dans une zone donnée. Mathématiquement, le gradient de pression est calculé comme le taux de changement de pression en fonction de la distance. La pression atmosphérique diminue avec l'altitude et cette variation crée une différence de pression horizontale qui entraîne le mouvement de l'air des zones de haute pression vers les zones de basse pression. Ce mouvement est essentiel pour égaliser les disparités de pression et rechercher un état d'équilibre.

2. Force de Coriolis :

- La Force de Coriolis est une force d'inertie résultant de la rotation de la Terre. Lorsque l'air se déplace horizontalement des zones de haute pression vers les zones basses, la force de Coriolis agit perpendiculairement à la direction du mouvement, déviant l'air vers la droite dans l'hémisphère nord et vers la gauche dans l'hémisphère sud. Cette force est maximale à l'équateur et décroît vers les pôles. La force de Coriolis est un phénomène purement résultant de la rotation de la Terre et qui influence de manière significative la formation et le comportement des systèmes atmosphériques, tels que les vents et les cyclones.

La combinaison du gradient de pression et de la force de Coriolis aboutit à ce que l'on appelle « l'équilibre géostrophique », un état théorique dans lequel les forces horizontales sont en équilibre. Cet état est atteint lorsque le gradient de pression et la force de Coriolis deviennent égaux, permettant aux vents de circuler le long de lignes isobares, approximativement parallèles aux courbes de niveau de pression constante. En bref, la compréhension de ces forces motrices est essentielle à la modélisation et à l'interprétation des modèles atmosphériques, qui influencent tout, depuis l'échelle locale jusqu'aux mouvements globaux de la circulation atmosphérique. L'étude de ces forces fournit une base théorique essentielle pour la météorologie et la climatologie dynamiques, enrichissant la compréhension des complexités qui régissent le comportement atmosphérique.

4.2 Cellules de circulation atmosphérique : Hadley, Ferrel et Polar

Les cellules de circulation atmosphérique représentent un paradigme essentiel pour comprendre les schémas de mouvement de l'air qui caractérisent l'atmosphère terrestre. Trois cellules distinctes (Hadley, Ferrel et Polar) sont reconnues comme des composantes fondamentales de la circulation atmosphérique mondiale, décrivant les mécanismes complexes de redistribution de la chaleur et de l'énergie à travers le monde.

1. Cellule Hadley :

- La Cellule Hadley, située dans les régions tropicales, fonctionne grâce au chauffage solaire intense proche de l'équateur. L'air chauffé monte verticalement, formant une zone de basse pression. À mesure que l'air monte, un refroidissement adiabatique se produit, entraînant de la condensation et des précipitations. Cet air, désormais plus froid et plus dense, se déplace vers des altitudes plus élevées, se rapprochant des tropiques, où il descend, formant une cellule à haute pression. Cette circulation verticale établit les alizés et est essentielle à la répartition de l'humidité et de la chaleur dans les régions tropicales.

2. Cellule de ferrel :

- La Cellule de Ferrel, située aux latitudes moyennes, se caractérise par sa complexité résultant de l'interaction entre la Cellule de Hadley et la Cellule Polaire. L'air ascendant de la cellule Hadley, lorsqu'il atteint des latitudes plus élevées, redescend vers la surface de la Terre, créant une zone de basse pression. Cette cellule contribue à la formation de vents d'ouest prédominants et est associée aux systèmes climatiques extratropicaux, comme les fronts.

3. Cellule polaire :
- La Cellule Polaire, située aux hautes latitudes, est alimentée par l'air froid qui descend des régions polaires. Cet air, en atteignant la surface, se déplace vers des latitudes plus basses, formant une cellule de basse pression. Cette cellule se caractérise par la montée de l'air à proximité des pôles, créant une ceinture de basses températures et influençant les conditions climatiques des régions arctiques et antarctiques.

L'équilibre dynamique entre ces cellules de circulation atmosphérique, appelé circulation méridionale, est un élément clé dans la compréhension des climats régionaux et la modélisation des phénomènes météorologiques globaux. Ces cellules jouent un rôle déterminant dans la répartition de la chaleur et de l'humidité à différentes latitudes, influençant directement les conditions météorologiques, la formation du vent et la dynamique atmosphérique globale. L'étude approfondie de ces cellules est cruciale pour faire progresser notre compréhension de la climatologie dynamique et de ses effets à l'échelle planétaire.

4.3 Fronts et systèmes basse et haute pression
Les fronts et systèmes de basse et haute pression jouent un rôle crucial dans la dynamique atmosphérique, influençant considérablement les modèles météorologiques et climatiques à l'échelle mondiale. Sur la base d'une analyse académique, nous aborderons les concepts fondamentaux liés à ces phénomènes atmosphériques, en mettant en évidence leurs caractéristiques, les processus associés et leurs impacts sur la circulation atmosphérique.

Fronts atmosphériques :
Les fronts représentent des interfaces frontales où des masses d'air de propriétés différentes se rencontrent et interagissent. Il existe quatre principaux types de fronts : froid, chaud, occlus et stationnaire. Fondamentalement, le front froid se produit

lorsqu'une masse d'air froid avance et remplace une masse d'air chaud, générant souvent d'intenses précipitations et tempêtes. Dans le Front chaud, la masse d'air chaud avance sur une masse d'air froid, provoquant des pluies prolongées et, parfois, la formation de nuages stratiformes. Un front occlus se produit lorsqu'une masse d'air froid emprisonne une masse d'air chaud entre deux masses d'air froid, tandis qu'un front stationnaire se caractérise par un manque de mouvement significatif entre les masses d'air.

Systèmes basse et haute pression :
Les systèmes basse et haute pression sont associés à des régimes atmosphériques spécifiques, qui influencent la direction et l'intensité des vents ainsi que l'apparition de différentes conditions météorologiques. Une zone de basse pression, ou cyclone, se caractérise par une diminution de la pression atmosphérique au centre, provoquant la convergence et la montée de l'air. Cela favorise la formation de nuages et de précipitations. En revanche, une zone de haute pression, ou anticyclone, est marquée par une pression atmosphérique plus élevée au centre, ce qui favorise la divergence et la subsistance de l'air. Ceci est généralement associé à des conditions météorologiques plus stables et à un ciel plus dégagé.

Processus et impacts associés :
L'interaction entre les fronts de pression et les systèmes déclenche divers phénomènes météorologiques, tels que des tempêtes, des fronts de rafales et le développement de systèmes cycloniques. Comprendre ces processus est essentiel pour la prévision météorologique, car cela nous permet d'anticiper les changements des conditions atmosphériques et d'analyser les régimes météorologiques à grande échelle.

4.4 Effets topographiques sur la circulation atmosphérique
Les effets topographiques sur la circulation atmosphérique constituent un domaine d'étude fondamental en météorologie,

puisque la présence du relief géographique exerce une influence marquée sur la configuration des vents, la formation des systèmes atmosphériques et la répartition des précipitations. Cette section cherchera à élucider les principaux mécanismes et conséquences de ces effets, en mettant en évidence la complexité des interactions entre topographie et atmosphère.

Influence de la topographie sur la circulation atmosphérique :

La topographie exerce une influence considérable sur la circulation atmosphérique, introduisant des changements significatifs dans les flux d'air prédominants. L'élévation du terrain crée des barrières physiques qui modifient la trajectoire de l'air, influençant directement la direction et la vitesse des vents. Ce phénomène est particulièrement marqué dans les zones au relief prononcé, comme les chaînes de montagnes.

Effet au vent et sous le vent :

Dans les régions montagneuses, le côté faisant face à la direction du vent dominant est appelé au vent, tandis que le côté opposé est appelé sous le vent.[1]. L'air qui s'approche d'une barrière montagneuse est forcé de s'élever et se refroidit de manière adiabatique.[2] et favorisant la formation de nuages et de précipitations. Du côté sous le vent, l'air descend, se réchauffe de manière adiabatique et entraîne souvent des conditions plus sèches.

Effet de canalisation et tourbillons de montagne :

La topographie peut également canaliser le flux d'air entre des vallées étroites ou des cols de montagne. Ce phénomène, appelé effet de canalisation, peut provoquer des vents accélérés et une augmentation de la pression du vent dans certaines zones, ce qui a un impact sur les conditions météorologiques locales. De plus, la présence de montagnes peut générer des vortex atmosphériques, qui sont des modèles de circulation complexes et dynamiques qui affectent les conditions météorologiques dans les zones adjacentes.

Influence sur les fronts atmosphériques :
La topographie joue un rôle crucial dans la modification des fronts atmosphériques. Lorsqu'une masse d'air humide se déplace vers une région montagneuse, l'air est forcé de s'élever, intensifiant le processus de condensation et de précipitation. Cela peut entraîner des gradients de précipitations importants entre les pentes des montagnes au vent et sous le vent.

Impacts sur la climatologie régionale :
Les effets topographiques façonnent non seulement les conditions météorologiques quotidiennes, mais influencent également les régimes météorologiques régionaux à long terme. Les zones d'altitude significative connaissent souvent des climats distincts par rapport aux régions environnantes, avec des variations notables de température, d'humidité et de précipitations.

4.5 Téléconnexions et oscillations atmosphériques :

Les téléconnexions et les oscillations atmosphériques sont des phénomènes complexes qui jouent un rôle crucial dans la dynamique climatique mondiale. Ils font référence à des relations climatiques non locales, dans lesquelles les variations dans une région peuvent influencer les conditions météorologiques dans des zones éloignées. Les phénomènes climatiques tels qu'El Niño et La Niña sont des exemples frappants de téléconnexions. Dans le cas d'El Niño, le réchauffement anormal des eaux de l'ouest de l'océan Pacifique équatorial induit des changements dans la circulation atmosphérique mondiale, impactant la répartition des précipitations et des températures dans diverses régions de la planète. Ces connexions climatiques lointaines sont généralement médiées par des changements dans la pression atmosphérique, la configuration des vents et le transport de l'humidité.

Oscillations atmosphériques :
Les oscillations atmosphériques représentent des variations récurrentes de la circulation atmosphérique et des modèles

de température, souvent associées à des modes spécifiques de variabilité climatique. Un exemple notable est l'oscillation nord-atlantique (NAO), qui implique la variation de la différence de pression entre les centres anticycloniques des Açores et les centres dépressionnaires de l'Islande. La phase positive de la NAO est associée à des hivers plus doux en Europe, tandis que la phase négative peut entraîner des hivers plus rigoureux.

Interconnexions entre Téléconnexions et Oscillations Atmosphériques :

Les téléconnexions et les oscillations atmosphériques présentent souvent des interactions et des interdépendances complexes. Par exemple, El Niño est associé à des changements dans l'oscillation australe (SOI), une mesure de la différence de pression entre Darwin, l'Australie et Tahiti. Cette interaction entre les téléconnexions océaniques et les oscillations atmosphériques amplifie les effets en cascade sur les modèles climatiques mondiaux.

Impacts sur les anomalies climatiques :

Les téléconnexions et les oscillations atmosphériques ont de profondes conséquences sur les anomalies climatiques à différentes échelles temporelles et spatiales. Ils peuvent influencer les régimes de précipitations, les événements extrêmes tels que les sécheresses et les inondations, et même affecter l'intensité et la fréquence des événements météorologiques extrêmes tels que les ouragans et les typhons.

Implications pour la science du climat :

Une compréhension globale de ces phénomènes est essentielle pour faire progresser la modélisation climatique, prévoir les événements extrêmes et interpréter le changement climatique à long terme. De plus, l'analyse des téléconnexions et des oscillations atmosphériques fournit des informations précieuses pour l'adaptation et l'atténuation des impacts climatiques dans différentes régions du monde.

4.6 Impacts sur la répartition des précipitations et des températures

L'analyse des impacts sur la répartition des précipitations et la température est essentielle pour comprendre le changement climatique et ses effets sur les écosystèmes, l'agriculture, les ressources en eau et la société en général. Les principaux facteurs et conséquences associés à ces changements, mettant en évidence la complexité de ces phénomènes et leurs ramifications à l'échelle mondiale.

Changements dans la répartition des précipitations :
Les changements dans la répartition des précipitations comptent parmi les indicateurs les plus tangibles du changement climatique en cours. Certaines régions connaissent une intensité accrue des précipitations, contribuant ainsi à des épisodes de précipitations extrêmes, tandis que d'autres connaissent des périodes de sécheresse plus longues. Ces changements sont intrinsèquement liés aux phénomènes climatiques tels qu'El Niño et La Niña, aux téléconnexions océaniques et aux oscillations atmosphériques, qui influencent les modèles mondiaux de circulation atmosphérique et de transport d'humidité.

Conséquences sur les ressources en eau et l'agriculture :
Ces changements dans la répartition des précipitations ont des implications importantes pour les ressources en eau et l'agriculture. La fréquence croissante des fortes précipitations peut entraîner des inondations, l'érosion des sols et la dégradation de la qualité de l'eau. D'un autre côté, des périodes de sécheresse plus longues peuvent entraîner des pénuries d'eau, une réduction des disponibilités d'irrigation et des impacts négatifs sur la production agricole. Ces changements affectent directement la sécurité alimentaire et la durabilité des écosystèmes.

Transformations dans la distribution de température :
Les changements dans la répartition des températures constituent une autre facette importante du changement

climatique. Une augmentation des températures moyennes mondiales a été observée, avec des effets différents selon les régions de la planète. Les régions polaires se réchauffent plus rapidement que les régions tropicales, entraînant des changements dans les régimes climatiques, l'étendue des glaciers et la dynamique des écosystèmes arctiques.

Impacts sur les zones climatiques et les écosystèmes :
Ces changements dans la répartition des températures ont des impacts significatifs sur les zones climatiques et les écosystèmes. En réponse à l'augmentation des températures, on observe des migrations d'espèces, des changements dans la flore et la faune, ainsi que des menaces pour la biodiversité. Les écosystèmes sensibles, tels que les récifs coralliens, la toundra et les forêts tropicales, sont confrontés à des défis croissants en raison du changement climatique.

Défis sociaux et stratégies d'adaptation :
Les impacts sur la répartition des précipitations et de la température ont des implications directes sur les communautés humaines. Le risque accru d'événements météorologiques extrêmes, tels que les inondations, les sécheresses et les vagues de chaleur, présente des défis importants en termes d'infrastructures, de santé publique et de sécurité alimentaire. Les stratégies d'adaptation, notamment la gestion durable des ressources en eau, les pratiques agricoles résilientes au climat et le développement d'infrastructures résilientes aux événements extrêmes, deviennent essentielles pour atténuer les impacts négatifs et promouvoir la résilience face au changement climatique.

CHAPITRE 5 : SYSTÈMES FRONTAUX ET PERTURBATIONS ATMOSPHÉRIQUES

Les systèmes frontaux sont des phénomènes météorologiques complexes qui jouent un rôle important dans la détermination des régimes météorologiques et de l'apparition d'événements météorologiques importants.

Définition et caractéristiques :
Les systèmes frontaux représentent des zones de transition entre des masses d'air ayant des propriétés différentes, notamment la température et l'humidité. La collision entre ces masses d'air crée une frontière, appelée front, qui peut être classée en différents types, notamment les fronts froids, les fronts chauds, les fronts occlus et les fronts stationnaires, comme mentionné dans les chapitres précédents. Chaque type de front est caractérisé par des modèles spécifiques de mouvement atmosphérique et des conditions météorologiques associées.

Processus associés :
Les processus fondamentaux associés aux systèmes frontaux impliquent le mouvement et l'interaction entre les masses d'air. Lors d'un front froid, par exemple, une masse d'air froid se déplace vers l'avant, forçant l'air plus chaud à monter rapidement. Ce processus ascendant conduit à la condensation de la vapeur d'eau et à la formation de nuages, souvent accompagnés d'intenses précipitations et d'une activité convective. En revanche, lors des fronts chauds, la masse d'air chaud avance sur une masse d'air froid, provoquant une montée progressive de l'air et des précipitations prolongées.

Types de façades et caractéristiques distinctives :
Fronts froids : associés à l'avancée rapide d'une masse d'air froid, entraînant généralement de fortes pluies et des changements

rapides des conditions météorologiques.

Fronts chauds : ils impliquent le mouvement d'une masse d'air chaud sur une masse d'air froid, entraînant des précipitations plus persistantes, souvent associées à des nuages stratiformes.

Fronts occlus : se produisent lorsqu'un front froid atteint un front chaud, provoquant la levée des deux masses d'air et la formation d'un nouveau front.

Fronts stationnaires : ils représentent des frontières pratiquement immobiles entre les masses d'air, entraînant des conditions météorologiques persistantes et des précipitations prolongées.

Impacts sur la climatologie régionale :
Les systèmes frontaux ont des impacts significatifs sur les conditions climatiques régionales. Leurs interactions complexes influencent la configuration des vents, la formation des tempêtes et la répartition spatiale des précipitations. L'étude de ces systèmes est essentielle pour faire des prévisions météorologiques précises et comprendre la variabilité climatique dans différentes régions de la planète.

Contributions à la météorologie dynamique :
La compréhension des systèmes frontaux est fondamentale pour la météorologie dynamique, car elle fournit des informations cruciales pour la modélisation atmosphérique et l'interprétation des événements météorologiques extrêmes.

5.1 Surveillance et prévision des systèmes frontaux
La surveillance et la prévision des systèmes frontaux constituent des composantes essentielles de la météorologie opérationnelle, dont l'objectif est de comprendre et d'anticiper les changements des conditions atmosphériques associées à ces phénomènes.

1. Observations météorologiques traditionnelles :
- La surveillance commence par des observations traditionnelles,

notamment des mesures de température, d'humidité, de pression atmosphérique et de direction du vent. Les stations météorologiques de surface, les ballons météorologiques et les instruments embarqués fournissent des données cruciales pour comprendre la configuration initiale de l'environnement atmosphérique.

2. Images satellites :

- Les images satellites sont essentielles au suivi de la couverture nuageuse associée aux systèmes frontaux. Ils offrent une vue large et continue des conditions atmosphériques à grande échelle, permettant l'identification des fronts et leur mouvement dans le temps.

3. Radars météorologiques :

- Les radars météorologiques sont utilisés pour surveiller l'intensité et la configuration des précipitations associées aux systèmes frontaux. Ces systèmes fournissent des données en temps réel sur la répartition spatiale et l'intensité de la pluie, de la neige ou des tempêtes, contribuant ainsi à des alertes précoces en cas de conditions météorologiques défavorables.

4. Modélisation numérique :

- Les modèles numériques de prévision météorologique jouent un rôle crucial dans la surveillance. Ces modèles assimilent des données d'observation pour simuler l'évolution future de l'atmosphère. Ils sont essentiels pour prévoir le mouvement des fronts, l'intensité des précipitations et autres événements météorologiques associés.

Prévision des systèmes frontaux :

1. Modélisation numérique du temps :

- Des modèles de prédiction numérique, basés sur des équations atmosphériques et des données d'observation, sont utilisés pour simuler l'évolution des systèmes frontaux au cours des prochaines heures ou jours. Ces modèles génèrent des prévisions détaillées, prenant en compte l'interaction complexe entre les masses d'air.

2. Analyse des conditions météorologiques :

- L'interprétation des modèles climatiques historiques et l'identification de téléconnexions, comme El Niño ou l'oscillation nord-atlantique, fournissent des informations précieuses. Ces modèles influencent le comportement des systèmes frontaux, contribuant ainsi aux prévisions à moyen et long terme.

3. Mises à jour en temps réel :

- Les technologies modernes permettent des mises à jour en temps réel des conditions atmosphériques. Cela inclut les données des satellites, des radars et des stations météorologiques automatisées. Ces informations en temps réel permettent d'ajuster les prévisions à mesure que des changements surviennent.

4. Systèmes d'alerte météo :

- Les systèmes d'alerte météo sont essentiels pour communiquer des informations critiques à la population. Ces alertes, basées sur les prévisions des systèmes frontaux, fournissent des indications sur des événements tels que les tempêtes, les inondations et les changements brusques de température.

CHAPITRE 6 : MASSES D'AIR

Les masses d'air représentent de grandes parties de l'atmosphère présentant des caractéristiques uniformes en termes de température, d'humidité et de stabilité. Ces corps aériens jouent un rôle fondamental dans la dynamique atmosphérique, influençant les modèles climatiques et météorologiques à l'échelle régionale et mondiale.

Caractéristiques des masses d'air :

Les masses d'air sont caractérisées par leurs propriétés thermodynamiques, qui incluent la température et l'humidité. La région d'origine d'une masse d'air détermine ses caractéristiques et, à mesure qu'elle reste au-dessus de cette région, elle acquiert des propriétés locales. Par conséquent, les masses d'air au-dessus des océans ont tendance à être humides, tandis que celles au-dessus des zones continentales peuvent être sèches.

Classification des masses d'air :

Les masses d'air sont classées selon leurs caractéristiques de température et d'humidité. Les principales classifications comprennent :

1. Masses tropicales (mT) : Ils sont originaires des régions tropicales et sont chauds et humides.

2. Masses polaires (mP) : Ils sont originaires des régions polaires et sont froids et secs.

3. Masses arctiques (mA) : Ils sont originaires de l'Arctique et sont extrêmement froids et secs.

4. Masses équatoriales (mE) : Ils proviennent de l'équateur et sont chauds et humides.

L'interaction entre les masses d'air se produit principalement dans les zones frontalières, appelées fronts atmosphériques.

Mouvements des masses d'air :

Les masses d'air se déplacent en réponse aux modèles atmosphériques, tels que les vents dominants, les systèmes de hautes et basses pressions et les modèles de circulation atmosphérique mondiale.

1. **Décalage horizontal :**Les masses d'air se déplacent horizontalement avec les vents dominants. Cela se produit à l'échelle régionale et est influencé par les conditions météorologiques locales.

2. **Défilement vertical :**La montée et la chute des masses d'air se produisent dans les zones de fronts atmosphériques, de cyclones et d'anticyclones. Ce mouvement vertical est lié à la stabilité atmosphérique et à la formation de différents types de nuages.

3. **Mouvement saisonnier :**Sur des échelles de temps plus longues, les masses d'air peuvent changer de façon saisonnière en raison des changements dans l'inclinaison de l'axe de la Terre et de la répartition du rayonnement solaire.

L'influence des masses d'air sur la climatologie locale est un phénomène complexe et extrêmement important pour comprendre les modèles climatiques dans une région donnée. Dans cette section, nous présenterons les caractéristiques des masses d'air qui affectent le climat local, influençant les températures, les régimes de précipitations et les conditions atmosphériques.

Caractéristiques des masses d'air locales :

Les caractéristiques spécifiques des masses d'air locales jouent un rôle fondamental dans la détermination du climat d'une région. Par exemple, dans les régions côtières, les masses d'air maritimes peuvent apporter de l'humidité et des températures plus modérées, tandis que les masses d'air continentales peuvent entraîner des conditions plus sèches et plus extrêmes.

Influence sur la température :

La température est fortement influencée par le type de masse d'air prédominante dans une zone. Les masses d'air tropicales ont tendance à provoquer des températures plus chaudes, tandis que les masses d'air polaires peuvent provoquer des conditions plus froides. L'interaction de différentes masses d'air, comme un front chaud ou froid, peut générer des variations de température importantes.

Modèles de précipitations :

L'humidité transportée par les masses d'air joue un rôle crucial dans la formation des régimes de précipitations locales. Les masses d'air humides, notamment tropicales, sont généralement associées à des pluies fréquentes et intenses. En revanche, les masses d'air sec, comme celles continentales, peuvent provoquer des périodes sèches.

Saisons et changements saisonniers :

Le mouvement saisonnier des masses d'air contribue aux changements des saisons. Par exemple, dans de nombreuses régions, les masses d'air polaires peuvent se déplacer vers des latitudes plus basses pendant l'hiver, provoquant des températures plus froides. En été, les masses d'air tropicales peuvent s'étendre jusqu'à des latitudes plus élevées, apportant chaleur et humidité.

Influence sur la topographie :

La topographie locale joue un rôle supplémentaire en influençant les masses d'air. Les montagnes peuvent agir comme des barrières, forçant les masses d'air à s'élever, ce qui peut provoquer de la condensation et des précipitations du côté au vent. Le côté sous le vent peut connaître des conditions plus sèches.

Événements météorologiques extrêmes :
L'interaction entre différentes masses d'air peut conduire à la formation de systèmes météorologiques extrêmes, comme des tempêtes, des ouragans ou des cyclones. La dynamique de ces événements est souvent influencée par la température de la surface de la mer et la configuration géographique.

Changements climatiques locaux :
Avec le changement climatique mondial, les caractéristiques des masses d'air et leurs impacts sur la climatologie locale pourraient subir des transformations significatives. La hausse des températures mondiales peut affecter l'intensité et la fréquence des masses d'air chaud, influençant ainsi les conditions météorologiques locales.

CHAPITRE 7 CLIMATS DES LATITUDES MOYENNES

Les climats des latitudes moyennes sont un type de climat qui se produit dans des zones situées entre environ 30° et 60° de latitude dans les hémisphères nord et sud. Ces régions connaissent une variabilité saisonnière marquée, avec des étés chauds et des hivers froids, ce qui donne lieu à quatre saisons distinctes : printemps, été, automne et hiver. Ce type de climat est caractéristique de nombreuses zones continentales et parties de régions tempérées.

7.1 Principales caractéristiques des climats des latitudes moyennes :

1. Variation saisonnière prononcée: Les climats des latitudes moyennes présentent des variations notables des conditions météorologiques tout au long de l'année, avec des températures plus élevées en été et plus basses en hiver. Cette amplitude thermique saisonnière est une caractéristique surprenante de ces régions.

2. Précipitations réparties tout au long de l'année: Les précipitations dans les zones climatiques des latitudes moyennes sont généralement réparties de manière relativement uniforme tout au long de l'année. Bien qu'il existe une variation saisonnière de la quantité de précipitations, elle n'est pas aussi prononcée que dans d'autres types de climat.

3. Influence des masses d'air: L'interaction entre les masses d'air joue un rôle important dans la détermination des conditions climatiques. Les fronts atmosphériques, courants dans ces régions, peuvent provoquer des changements climatiques rapides et fréquents.

4. Des saisons bien définies: Les quatre saisons sont bien définies et chacune est caractérisée par des conditions météorologiques différentes. Les étés ont tendance à être plus chauds, tandis que les hivers sont plus froids. Les transitions entre ces saisons sont marquées par des changements de températures et de régimes de précipitations.

5. Végétation diversifiée: La végétation de ces régions peut être très diversifiée, comprenant des forêts de feuillus qui perdent leurs feuilles en hiver, des forêts mixtes et des prairies. La capacité de soutenir une variété d'écosystèmes est facilitée par la présence de saisons bien définies.

Sous-types de climats des latitudes moyennes :

1. Climat continental: Elle se caractérise par des hivers rigoureux et des étés chauds, avec souvent une variation annuelle importante de température. Les zones intérieures des continents connaissent généralement ce type de climat.

2. Climat océanique: Trouvé dans les zones proches de grandes étendues d'eau, telles que les océans ou les mers. Ces régions ont généralement des hivers doux et des étés frais, avec une répartition plus uniforme des précipitations tout au long de l'année.

3. Climat subarctique: Présent dans les latitudes les plus élevées des zones de latitude moyenne, caractérisées par des hivers très froids et des étés courts et modérément chauds.

Les climats des latitudes moyennes jouent un rôle crucial dans la détermination des régimes météorologiques dans de nombreuses régions du monde. Leurs caractéristiques distinctives influencent non seulement le climat local, mais également la végétation, la biodiversité et les établissements humains de ces régions.

7.2 Adaptation et atténuation dans les climats des latitudes

moyennes :

Les climats des latitudes moyennes, avec leurs saisons distinctes et leur variabilité saisonnière, présentent des défis particuliers face au changement climatique. L'adaptation et l'atténuation sont des stratégies essentielles pour relever ces défis et promouvoir la résilience dans ces régions.

1. Infrastructure résistante aux intempéries: Développer des infrastructures résilientes au climat est crucial pour faire face aux événements météorologiques extrêmes, tels que des tempêtes et des inondations plus intenses. Cela comprend des systèmes de drainage améliorés, des digues et des structures qui résistent aux conditions météorologiques défavorables.

2. Gestion de l'eau: La gestion durable de l'eau est essentielle dans les climats des latitudes moyennes, où la disponibilité de l'eau peut varier considérablement d'une saison à l'autre. Cela implique des pratiques d'irrigation efficaces, la rétention d'eau et la gestion des ressources en eau pendant les périodes de sécheresse et d'inondations.

3. Agriculture adaptative: Les adaptations en agriculture comprennent le développement de cultures plus résistantes au stress thermique et à la variabilité climatique. Il est également essentiel d'ajuster les pratiques agricoles, telles que les dates de semis et la sélection des cultures, en réponse aux conditions climatiques changeantes.

4. Zonage urbain durable: L'urbanisme durable prend en compte les conditions climatiques locales, notamment en réduisant l'effet d'îlot de chaleur urbain, en augmentant les espaces verts et en créant des espaces publics adaptables au changement climatique.

5. Systèmes d'alerte précoce: Développement et mise en œuvre de systèmes d'alerte précoce efficaces pour les événements météorologiques extrêmes, tels que les vagues de chaleur, les tempêtes et les inondations, afin d'améliorer la préparation et la réponse des communautés.

Atténuation dans les climats des latitudes moyennes :

1. Énergie renouvelable: Investir dans les sources d'énergie renouvelables, telles que l'énergie solaire et éolienne, peut contribuer à réduire les émissions de gaz à effet de serre associées à la production d'énergie. Ceci est particulièrement pertinent dans les climats des latitudes moyennes où la demande énergétique varie de façon saisonnière.

2. Transport durable: Promouvoir le transport durable, y compris l'utilisation des transports en commun, des pistes cyclables et des véhicules électriques, afin de réduire les émissions de gaz à effet de serre du secteur des transports.

3. Efficacité énergétique: L'amélioration de l'efficacité énergétique des bâtiments et des industries est une stratégie clé pour atténuer le changement climatique. Cela comprend des mesures telles que l'isolation thermique, des technologies efficaces et des pratiques de production plus propres.

4. Reboisement et conservation: La reforestation et la conservation des espaces verts jouent un rôle important dans l'atténuation, en aidant à absorber le dioxyde de carbone de l'atmosphère et à préserver les écosystèmes qui agissent comme des puits de carbone.

5. Politiques d'aménagement du territoire: Mettre en œuvre des politiques qui promeuvent des pratiques d'utilisation durable des terres, telles que la gestion durable des forêts et la préservation des zones de puits de carbone telles que les zones humides et les forêts.

En combinant des stratégies d'adaptation et d'atténuation, les régions des latitudes moyennes peuvent relever les défis posés par le changement climatique, favorisant ainsi la durabilité et la résilience face à un climat en évolution.

CHAPITRE 8 LES COURANTS MARINS ET LEUR IMPORTANCE

Les courants océaniques jouent un rôle fondamental dans la régulation du climat mondial, exerçant une influence significative sur les régimes atmosphériques et la répartition thermique des océans. Ces mouvements massifs d'eau, qui se produisent à la surface et dans les profondeurs des océans, sont provoqués par une combinaison de facteurs, notamment les différences de température, de salinité, de vents et de rotation de la Terre.

L'importance des courants océaniques en climatologie est vaste et multiforme. Premièrement, ils jouent un rôle essentiel dans la redistribution de la chaleur sur la planète. Les courants chauds transportent l'eau chaude des tropiques vers des latitudes plus élevées, tandis que les courants froids déplacent l'eau plus froide des régions polaires vers les zones équatoriales. Ce processus contribue directement à la modulation des températures locales et mondiales, influençant les climats régionaux.

En outre, les courants océaniques exercent une influence cruciale sur les écosystèmes marins, affectant la répartition des nutriments et la vie marine. Ils jouent également un rôle clé dans la régulation du climat en agissant comme « porteurs » de gaz tels que le dioxyde de carbone, contribuant ainsi à atténuer les effets du changement climatique en absorbant et en stockant le carbone.

L'analyse des courants marins joue donc un rôle de premier plan en climatologie, contribuant à la compréhension des mécanismes qui façonnent notre climat et influençant les conditions climatiques à l'échelle locale et mondiale.

8.1 Courants de surface :

Les courants de surface sont des mouvements horizontaux de l'eau qui se produisent dans les couches supérieures des océans, généralement dans les 200 premiers mètres de la surface. Ces courants sont principalement influencés par les vents, bien qu'ils puissent également être affectés par d'autres facteurs, tels que la forme de la côte, la configuration des terres émergées et la rotation de la Terre. La principale force motrice des courants de surface est l'action des vents. Lorsque les vents soufflent sur la surface de l'océan, ils exercent une pression sur l'eau, la poussant dans la direction du vent. Ce transfert d'énergie des vents vers l'eau crée des courants de surface. Cependant, l'influence des vents n'est pas uniforme et d'autres facteurs peuvent moduler la direction et l'intensité de ces courants.

Les courants de surface jouent un rôle clé dans la redistribution de la chaleur autour de la planète. Les courants chauds, comme le Gulf Stream dans l'Atlantique Nord, transportent les eaux chaudes des tropiques vers des latitudes plus élevées, influençant ainsi le climat des régions côtières. D'autre part, les courants froids, comme le courant de Humboldt dans l'océan Pacifique, déplacent les eaux plus froides des régions polaires vers les zones équatoriales, contribuant ainsi à moduler les températures locales.

Ces courants ont également des implications importantes sur les écosystèmes marins, affectant la distribution des nutriments et influençant la vie marine. De plus, les courants de surface jouent un rôle dans l'absorption et le transport du dioxyde de carbone, contribuant ainsi à la régulation du climat mondial.

8.2 Courants profonds :

Les courants profonds, également appelés courants thermohalins ou courants océaniques de circulation globale, font référence à des mouvements d'eau qui se produisent à de plus grandes profondeurs dans les océans, généralement en dessous de 200 mètres et, dans certains cas, atteignant des milliers de mètres de profondeur. Contrairement aux courants de surface, qui sont principalement entraînés par les vents, les courants profonds sont déplacés par les différences de densité de l'eau, résultant des variations de température et de salinité.

Le processus fondamental à l'origine des courants profonds est la formation d'eau dense dans les régions polaires. Dans les zones polaires, les eaux de surface sont intensément refroidies par le froid extrême et deviennent plus denses. De plus, l'eau salée provenant de la banquise gelée contribue à l'augmentation de la densité. Ce processus entraîne la formation d'eaux denses et froides qui coulent vers le fond océanique.

Une fois ces eaux denses formées, elles commencent à se déplacer horizontalement vers les régions équatoriales, poussées par la force de Coriolis et d'autres influences. Ce mouvement lent et massif de l'eau dans les profondeurs des océans constitue la circulation thermohaline globale, une composante essentielle du système de transport de chaleur et de redistribution des nutriments dans les océans.

Les courants profonds ont un impact significatif sur le climat mondial, jouant un rôle crucial dans la régulation thermique des océans et la modulation du climat à l'échelle mondiale. Ces courants contribuent également à l'absorption et au transport du dioxyde de carbone, contribuant ainsi à réguler le climat de la Terre et à atténuer le changement climatique.

Un exemple notable de courant profond est le courant circumpolaire antarctique, qui circule autour de l'Antarctique et relie tous les océans de la planète. D'autres courants profonds importants comprennent le courant profond de l'Atlantique Nord et le courant profond de l'Atlantique Sud.

L'utilisation de technologies avancées, telles que des bouées et des instruments de mesure à distance, a contribué à une compréhension plus approfondie de ces systèmes complexes de circulation océanique.

8.3 Salinisation de l'eau :

La salinisation de l'eau fait référence à l'augmentation de la concentration de sels dissous, notamment de chlorure de sodium (sel commun), dans l'eau. Ce phénomène peut se produire dans différents milieux aquatiques, notamment les océans, les mers, les rivières et les aquifères, et peut avoir plusieurs causes. La salinisation peut influencer le climat de plusieurs manières, surtout lorsqu'elle se produit à grande échelle.

8.4 Causes de la salinisation de l'eau:

1. Intrusion de sel: L'intrusion d'eau salée dans les régions côtières peut se produire en raison de l'élévation du niveau de la mer, d'un prélèvement excessif d'eau douce des aquifères côtiers ou d'événements météorologiques extrêmes tels que des tempêtes.

2. Irrigation agricole: L'irrigation intensive dans les zones sujettes à l'évaporation peut provoquer l'accumulation de sels dans le sol et éventuellement dans l'eau, la rendant plus saline.

3. Déforestation et changement d'affectation des terres: Les changements dans la couverture végétale, tels que la déforestation, peuvent modifier les schémas d'infiltration de l'eau dans le sol, affectant la quantité d'eau douce disponible et augmentant la salinité.

4. Activités industrielles et minières: Les rejets de déchets industriels et miniers peuvent introduire des sels dans l'eau, augmentant sa salinité.

Influence sur la climatologie :

1. Cycle hydrologique: La salinisation peut modifier le cycle hydrologique, influençant l'évaporation, les précipitations et la configuration des nuages. L'eau plus salée a un point de congélation plus bas et un point d'ébullition plus élevé que l'eau douce, ce qui peut affecter les processus de transfert de chaleur à la surface de la Terre.

2. Modèles de précipitations: Les changements de salinité peuvent affecter les régimes de précipitations, puisque l'évaporation de l'eau salée peut provoquer la libération de chaleur latente dans l'atmosphère, influençant la formation de nuages et l'apparition de pluie.

3. Courants océaniques et circulation atmosphérique: La salinité de l'eau des océans joue un rôle essentiel dans la circulation océanique mondiale. Des changements importants dans la salinité peuvent avoir un impact sur les courants océaniques, affectant indirectement la circulation atmosphérique et donc les régimes météorologiques.

4. Impacts sur les écosystèmes: La salinisation de l'eau peut avoir des effets néfastes sur les écosystèmes aquatiques, affectant la biodiversité et les chaînes alimentaires. Cela pourrait à son tour avoir des implications sur la régulation des gaz à effet de serre tels que le dioxyde de carbone.

8.4 Comment les courants océaniques influencent la salinité :
Les courants océaniques exercent une influence significative sur la salinité des océans et jouent un rôle crucial dans la répartition mondiale des sels dissous. La manière dont les courants océaniques influencent la salinité est complexe et liée à plusieurs processus océanographiques. Vous trouverez ci-dessous quelques façons dont les courants océaniques affectent la salinité :

1. Transport des eaux salées et douces :
- Les courants marins déplacent de grandes quantités d'eau à la surface des océans. Lorsqu'un courant se déplace d'une région à une autre, il peut transporter de l'eau avec différents niveaux de salinité. Les courants chauds, originaires des régions tropicales, ont tendance à transporter de l'eau plus salée, tandis que les courants froids, originaires des régions polaires, transportent de l'eau moins salée.

2. Mélange des eaux :

- La rencontre de différents courants marins, notamment dans les régions de convergence ou de frontières entre masses d'eau, peut aboutir à un mélange de salinités différentes. Ce processus est fondamental pour la variabilité de la salinité des océans.

3. Évaporation et précipitation :

- Les courants océaniques, en particulier ceux qui circulent dans les régions à fort ensoleillement, peuvent influencer l'évaporation de l'eau de la surface de l'océan. L'évaporation contribue à augmenter la salinité dans les zones où l'eau s'évapore. En revanche, les régions où les précipitations sont intenses peuvent connaître une diminution de la salinité.

4. Courants de recirculation :

- Certains courants forment des systèmes de recirculation appelés gyres océaniques. Ces tourbillons peuvent emprisonner l'eau dans certaines régions, affectant localement la salinité. Par exemple, le Gyre de l'Atlantique Nord est un système de recirculation qui influence la salinité de la région.

5. Circulation thermohaline :

- Les courants profonds, qui constituent la circulation dite thermohaline, jouent un rôle crucial dans la répartition verticale de la salinité. Les eaux plus denses et plus salées, généralement formées dans les régions polaires, coulent et s'écoulent dans les régions plus profondes des océans, influençant la salinité dans différentes couches verticales.

Comprendre ces processus est vital pour les océanographes et les climatologues, car la salinité de l'eau est intrinsèquement liée aux conditions météorologiques mondiales et à la circulation océanique. Les changements dans les courants océaniques peuvent avoir des impacts significatifs sur la répartition de la salinité, affectant les écosystèmes marins, les régimes météorologiques régionaux et même la circulation atmosphérique mondiale.

8.5 La salinité et son importance dans la vie marine

L'importance écologique de la salinité dans la vie marine est importante car elle joue un rôle fondamental dans la répartition, le comportement et la physiologie de plusieurs espèces. La salinité, qui fait référence à la concentration de sels dissous dans l'eau, varie selon les différentes régions océaniques et au fil du temps, créant des environnements distincts auxquels les organismes marins ont évolué pour s'adapter. Vous trouverez ci-dessous quelques aspects cruciaux de l'importance écologique de la salinité :

1. Répartition des espèces :

- La tolérance à la salinité varie selon les espèces marines, ce qui influence directement leur répartition géographique. Certaines espèces sont sténohalines, ce qui signifie qu'elles ont une plage étroite de tolérance à la salinité et se trouvent dans des environnements aux conditions spécifiques. D'autres sont euryhalines, adaptées à une large gamme de salinités, leur permettant d'habiter des zones connaissant d'importantes variations de salinité.

2. Adaptations physiologiques :

- De nombreuses espèces marines ont développé des adaptations physiologiques pour faire face aux changements de salinité. Par exemple, les poissons osmoconformes peuvent ajuster activement leur concentration interne en sel pour qu'elle corresponde à celle du milieu environnant. D'autres espèces peuvent avoir des mécanismes pour gérer les différences d'osmose, leur permettant de vivre dans des environnements hypersalins ou hyposalins.

3. Cycles de vie et migration :

- Le cycle de vie de certaines espèces marines est intrinsèquement lié aux régimes de salinité. De nombreuses espèces de poissons, par exemple, migrent entre les environnements d'eau douce et d'eau salée à différentes étapes de leur vie. Les changements de salinité peuvent également déclencher des migrations saisonnières vers des endroits plus propices à la reproduction, à l'alimentation ou au développement larvaire.

4. Effets sur la production primaire :

- La salinité influence la disponibilité des nutriments et la photosynthèse du phytoplancton et des plantes marines, affectant ainsi la production primaire des écosystèmes océaniques. Par conséquent, les changements de salinité peuvent avoir des effets en cascade tout au long de la chaîne alimentaire, affectant les organismes herbivores et prédateurs.

5. Défis environnementaux :

- Des variations extrêmes de salinité, comme celles rencontrées dans les régions estuariennes ou dans les endroits où l'eau douce se mélange à l'eau salée, peuvent représenter des défis environnementaux pour les espèces. Certaines espèces ont développé des adaptations comportementales pour faire face à ces conditions, tandis que d'autres peuvent être plus sensibles à ces changements.

6. Impacts du changement climatique :

- Les changements dans les régimes climatiques, tels que la hausse des températures mondiales et les changements dans les régimes de précipitations, peuvent affecter la salinité dans de nombreuses régions côtières. Ces changements peuvent poser des défis importants aux communautés marines, en particulier celles qui dépendent d'environnements de salinité spécifiques.

Les adaptations des espèces à la salinité et leurs réponses aux variations de cette composante environnementale sont des aspects essentiels pour comprendre la dynamique des écosystèmes aquatiques et les interactions complexes entre les organismes marins et leur environnement.

CHAPITRE 9 PLANCTON PHYTOPLANCTON ET ZOOPLANCTON

Le plancton, comprenant le phytoplancton et le zooplancton, joue un rôle complexe et important dans la climatologie mondiale grâce à ses interactions fondamentales avec les océans, l'atmosphère et d'autres composants du système terrestre. Cette analyse détaillée met en évidence les manières suivantes dont le plancton influence le climat :

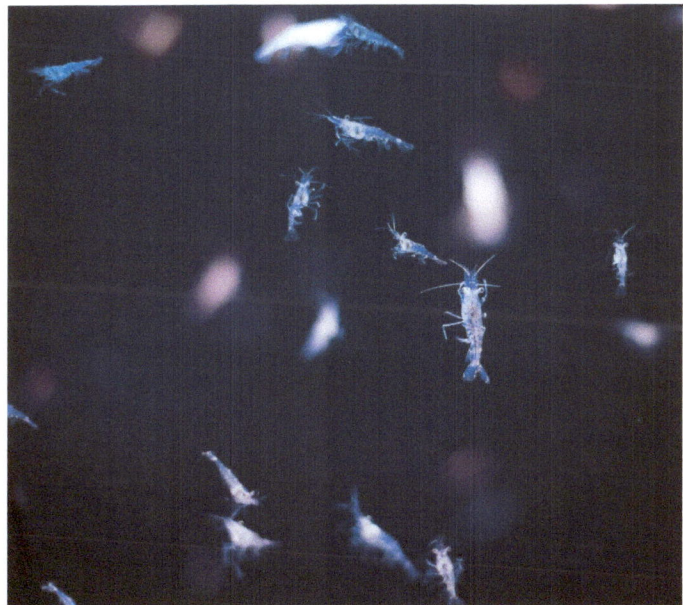

Plancton : reproduction d'images photographies.

1. Fixation du carbone et cycle du carbone :
- Le phytoplancton, lors de la photosynthèse, séquestre le dioxyde de carbone atmosphérique, initiant ainsi la fixation du carbone dans les océans. Ce processus contribue substantiellement à l'atténuation du changement climatique, en régulant le bilan

mondial du carbone et en favorisant le transfert de carbone organique dans les chaînes alimentaires marines.

2. Production d'oxygène :

- Le phytoplancton joue un rôle de premier plan dans la production d'oxygène par photosynthèse, constituant une source importante d'oxygène atmosphérique. Cette contribution est extrêmement importante pour les processus aérobies, vitalisant la respiration des organismes terrestres et marins.

3. Participation au Cycle du Soufre :

- Le phytoplancton déclenche le cycle du soufre en libérant du sulfure de diméthyle (DMS), un composé qui, lorsqu'il est libéré dans l'atmosphère, peut influencer la formation de particules, impactant la formation des nuages et, par conséquent, la régulation du climat et des précipitations.

4. Influence sur l'absorption de chaleur :

- Les différentes propriétés optiques des différents types de plancton affectent l'absorption de la chaleur dans les océans. Cette interaction module la quantité de lumière solaire absorbée ou réfléchie par la surface de l'océan, ce qui affecte à son tour la température de la surface de la mer et les conditions climatiques régionales.

Phytoplancton : reproduction d'images

5. Régulation de la circulation océanique :
- Le mouvement du zooplancton le long des courants océaniques contribue au mélange vertical des eaux et à la circulation océanique. Cette circulation a des répercussions importantes sur la redistribution de la chaleur dans les océans, influençant les modèles climatiques régionaux et mondiaux.

6. Chaîne alimentaire et écosystèmes marins :
- Le plancton constitue la base essentielle de la chaîne alimentaire marine, soutenant la biodiversité et la productivité des écosystèmes marins. Les variations de l'abondance et de la composition du plancton peuvent déclencher des effets en cascade tout au long de la chaîne alimentaire, modifiant la dynamique des écosystèmes marins et, par conséquent, les processus climatiques associés.

En résumé, la complexité des activités biologiques et des interactions du plancton, en particulier du phytoplancton, joue un rôle essentiel dans la régulation du climat mondial, se manifestant par une variété de processus et de phénomènes qui façonnent les modèles climatologiques de la planète.

Zooplancton : reproduction d'images

CHAPITRE 10 : CLIMATS D'ALTITUDE ET RÉGIONS POLAIRES

Les climats d'altitude font référence aux conditions climatiques spécifiques qui prédominent dans les régions montagneuses. Ces zones, marquées par des variations altitudinales marquées, présentent des caractéristiques climatiques distinctes, influencées par la topographie, la proximité de l'équateur et les régimes atmosphériques locaux.

10.1 gradients thermiques dans des environnements de haute altitude

L'une des caractéristiques fondamentales des climats de haute altitude est la présence de gradients thermiques prononcés. À mesure que l'altitude augmente, la température a tendance à diminuer. Ce phénomène est lié à l'expansion adiabatique de l'air et à la réduction de la pression atmosphérique avec l'élévation, entraînant des conditions météorologiques uniques et souvent imprévisibles.

10.2 Influence sur la biodiversité et les écosystèmes de montagne

Les climats d'altitude sont connus pour abriter des écosystèmes montagneux uniques, notamment des forêts subalpines, alpines et enneigées. La biodiversité dans ces régions est généralement élevée, avec diverses adaptations biologiques à des conditions extrêmes telles que les basses températures, la faible pression atmosphérique et le rayonnement ultraviolet intense.

10.3 Défis climatiques et impacts socioéconomiques

Les zones de haute altitude présentent des défis importants, tant en termes de conditions climatiques que d'adaptation humaine. L'agriculture de montagne, par exemple, est sensible aux variations de température et de précipitations, tandis que les impacts socio-économiques incluent des problèmes d'accès aux services de base et des vulnérabilités aux phénomènes climatiques extrêmes.

10.4 Climats des régions polaires

Les climats des régions polaires englobent les zones proches des pôles nord et sud, caractérisées par de faibles températures annuelles moyennes. Une exposition limitée au soleil, surtout en hiver, contribue à des conditions météorologiques extrêmes, telles qu'un froid intense et de longues périodes d'obscurité.

10.5 Dynamique des glaces et écosystèmes polaires

La présence prédominante de glace et de neige est une particularité de ces climats. La dynamique des écosystèmes polaires est intrinsèquement liée à la saisonnalité des glaces de mer, qui influence la répartition de la vie marine et terrestre. Des luminosités extrêmes, avec des jours et des nuits qui durent des mois, façonnent également la vie dans les régions polaires.

10.6 Changement climatique dans les régions polaires

Les régions polaires sont particulièrement sensibles au changement climatique mondial. Le réchauffement climatique provoque une fonte accélérée des glaces, affectant les écosystèmes, la biodiversité et les conditions météorologiques. Ces changements ont des implications mondiales, notamment l'élévation du niveau de la mer et la modification des conditions météorologiques aux basses latitudes.

10.7 Impacts sociaux et scientifiques

Les personnes vivant dans les régions polaires sont confrontées à des défis uniques liés à l'isolement, à un accès limité aux ressources et à des conditions météorologiques extrêmes. En outre, les régions polaires jouent un rôle très important dans la recherche scientifique, tant sur le changement climatique que sur la compréhension des processus mondiaux.

région polaire

CHAPITRE 11 : CLIMATS ARIDES ET SEMI ARIDES

Le climat aride, également appelé climat désertique, se caractérise par de faibles précipitations tout au long de l'année. Généralement, les zones au climat aride reçoivent moins de 250 millimètres de pluie par an. Outre le manque de précipitations, le climat aride se caractérise par des températures diurnes élevées et des variations de température importantes entre le jour et la nuit.

Certains des pays où se trouvent de vastes zones au climat aride comprennent :

1. **Australie :** Une grande partie de l'intérieur de l'Australie est caractérisée par des climats arides et semi-arides, avec de vastes déserts tels que le désert de Simpson et le désert de Tanami.

2. **États-Unis :** certaines parties du sud-ouest des États-Unis, notamment des États comme l'Arizona, le Nouveau-Mexique, le Nevada et certaines parties de la Californie, ont un climat aride et désertique. Le désert de Mojave et le désert de Sonora en sont des exemples.

3. **Mexique :** Le nord du Mexique, y compris les zones autour du désert de Chihuahuan, connaît des climats arides et semi-arides.

4. **Chili :** Le nord du Chili, en particulier la région d'Atacama, est considéré comme le désert le plus sec du monde, caractérisé par de faibles précipitations et des conditions extrêmement sèches.

5. **Chine :** Certaines parties du nord-ouest de la Chine, comme la région autonome de Mongolie intérieure, ont des climats arides.

6. **Afrique :** De grandes parties du continent africain, comme certaines parties du Sahara, du Kalahari et du Namib, sont

couvertes de climats arides et de déserts.

7. Mongolie : Les régions du sud de la Mongolie ont un climat aride, avec de vastes steppes et régions désertiques.

Il est important de noter que les conditions exactes peuvent varier au sein de ces régions et que la présence de climats arides conduit souvent au développement d'écosystèmes adaptés à des conditions de rareté en eau, comme des plantes et des animaux xérophytes adaptés aux ressources en eau rares.

Le climat semi-arideC'est un type de climat caractérisé par une saison sèche prolongée, avec des précipitations irrégulières et souvent insuffisantes pour soutenir pleinement la végétation et les activités agricoles. Ce climat se produit généralement dans les régions de transition entre les climats arides et humides. Les zones semi-arides peuvent connaître des conditions de sécheresse, mais conservent néanmoins un certain potentiel pour soutenir la vie végétale.

Certains pays où des zones au climat semi-aride sont présentes comprennent :

1. États-Unis: Certaines parties du sud-ouest des États-Unis, comme le sud-ouest du Texas, certaines parties de l'Arizona, du Nouveau-Mexique et de la Californie, ont des caractéristiques climatiques semi-arides.

2. Mexique: Certaines régions du nord du Mexique, notamment les zones autour du désert de Chihuahuan, sont semi-arides.

3. Brésil: La région nord-est du Brésil abrite des zones semi-arides, notamment à l'intérieur du nord-est. Des États tels que Ceará, Piauí, Rio Grande do Norte, Paraíba et Bahia ont des régions qui connaissent un climat semi-aride.

4. Argentine: Certaines parties du nord-ouest de l'Argentine, comme la région de Cuyo, ont également des caractéristiques climatiques semi-arides.

5. Espagne: Certaines régions intérieures de l'Espagne, comme la région de Castille, ont un climat semi-aride.

6.Australie: Certaines régions de l'intérieur de l'Australie, y compris certaines parties de l'outback, ont des caractéristiques climatiques semi-arides.

7. Afrique: Plusieurs régions d'Afrique, comme certaines parties du Sahara et du Kalahari, sont classées comme semi-arides.

Le climat semi-aride présente des défis importants en termes de gestion des ressources en eau et d'agriculture, car des précipitations irrégulières peuvent conduire à des périodes de sécheresse prolongées. S'adapter à ces conditions implique souvent de développer des pratiques agricoles et des stratégies de conservation de l'eau spécifiques à ces zones.

CHAPITRE 12 : ÉVÉNEMENTS EXTRÊMES : OURAGANS, TYPHONS ET CYCLONES

Les événements tropicaux extrêmes, représentés par les ouragans, les typhons et les cyclones, sont des phénomènes météorologiques caractérisés par des vents extrêmement forts, de fortes pluies et, dans certains cas, des inondations côtières. Ces événements surviennent dans les zones tropicales et subtropicales et leur incidence est associée à des conditions météorologiques spécifiques.

12.1 Mécanismes de formation et de développement

La formation de ces phénomènes extrêmes se produit au-dessus des eaux océaniques chauffées, où l'énergie thermique est transférée à l'atmosphère. Des conditions d'humidité élevée, de faible cisaillement du vent et d'eaux chaudes sont essentielles au développement et à l'intensification de ces systèmes cycloniques. L'action de la force de Coriolis est essentielle à la rotation du système.

12.2 Classification et nomenclature

Les ouragans se forment lorsque l'eau des océans atteint des températures supérieures à 26°C et s'évapore. En montant, cette vapeur rencontre des couches plus froides et forme de gros nuages orageux. Au cours de ce processus, la pression atmosphérique diminue et commence à attirer les masses d'air vers les parties supérieures du ciel. Les tornades sont des phénomènes typiquement continentaux ; leur formation se produit par l'arrivée de fronts froids dans des régions où l'air est plus chaud et instable, favorisant le développement d'une tempête qui, à son tour, entraîne la formation de ce type de cyclone. Fondamentalement, les ouragans et les typhons sont les mêmes, mais les endroits où ils se produisent sont différents. Les ouragans se produisent dans l'océan Atlantique et sur la côte orientale de l'océan Pacifique. Les typhons existent exclusivement dans la partie occidentale du Pacifique. L'intensité est souvent évaluée sur l'échelle de Saffir-Simpson.[3], qui varie de 1 à 5, indiquant la force des vents et le potentiel de dégâts.

12.3 Dynamique et structure interne

La dynamique interne de ces systèmes est complexe, avec un noyau central chaud, appelé œil, entouré de bandes de tempêtes qui soutiennent des vents intenses et des pluies torrentielles. L'œil, caractérisé par des conditions météorologiques relativement calmes, est un trait distinctif de ces événements et contribue à l'intensification du système.

12.4 Impacts climatiques et environnementaux

Les impacts de ces événements extrêmes sont énormes, notamment les inondations côtières dues à l'élévation du niveau de la mer, les vents destructeurs causant des dommages structurels et les pluies intenses provoquant des inondations et des glissements de terrain. Les écosystèmes marins pourraient également être touchés, avec des eaux turbulentes et des dégâts sur les récifs coralliens.

12.5 Gestion des risques et prévention des catastrophes

La gestion des risques associés à ces événements extrêmes est essentielle pour minimiser les dommages. Il s'agit notamment de systèmes de prévision avancés, d'évacuations coordonnées, de stratégies de construction résistantes au vent et d'investissements dans les infrastructures pour faire face aux inondations. La sensibilisation et la préparation du public jouent également un rôle crucial dans l'atténuation des impacts.

12.6 Changement climatique et tendances futures

La relation entre les événements tropicaux extrêmes et le changement climatique mondial est un sujet de préoccupation croissante. On s'attend à ce que l'intensité et la fréquence de ces événements augmentent à mesure que les températures mondiales augmentent. Comprendre ces interactions est essentiel pour la planification de l'adaptation et de la résilience dans les communautés vulnérables.

12.7 Perspectives interdisciplinaires et défis scientifiques.

L'étude de ces événements extrêmes dépasse les limites de la météorologie et englobe des domaines tels que la science du climat, l'océanographie et les sciences sociales. Les défis scientifiques incluent la modélisation précise de la formation et de la trajectoire de ces systèmes, ainsi que l'évaluation intégrée des impacts environnementaux et sociaux.

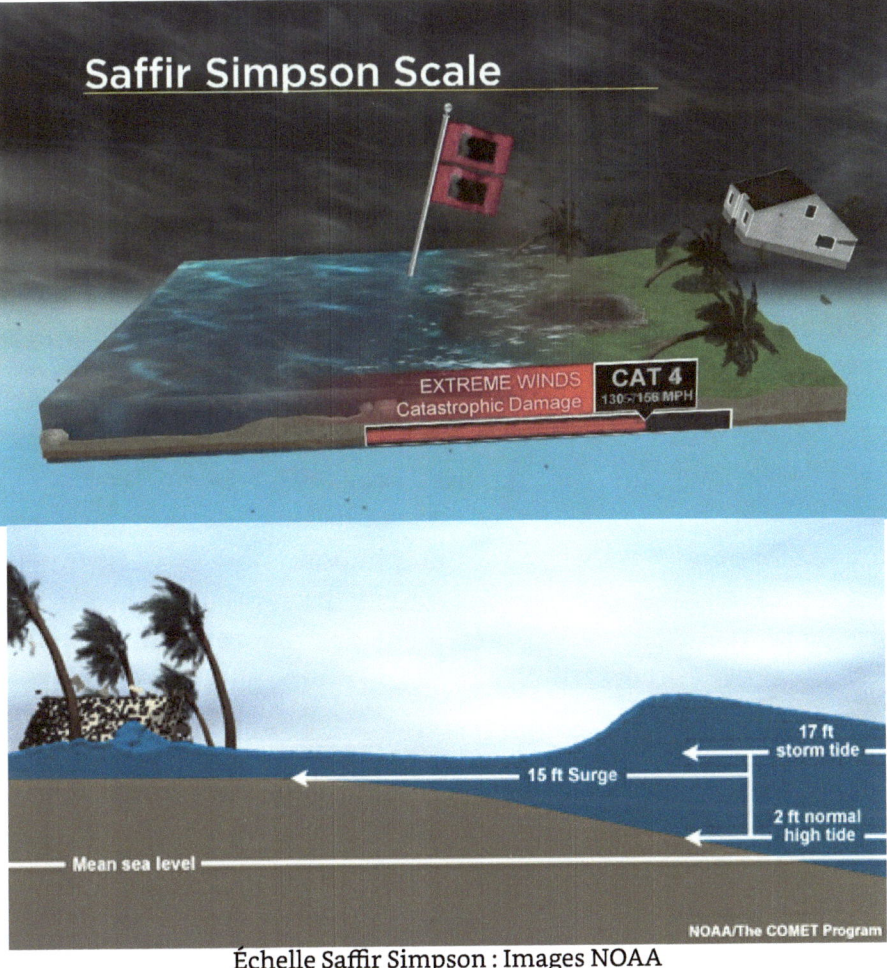

Échelle Saffir Simpson : Images NOAA

CHAPITRE 13 : CLIMAT ET AGRICULTURE : TENDANCES ET PERSPECTIVES

La symbiose entre le climat et l'agriculture est une intrigue complexe qui dicte le destin de la production alimentaire mondiale. Ce chapitre vise à examiner les tendances actuelles et les perspectives d'avenir de cette relation complexe, en tenant compte des défis posés par le changement climatique et de la dynamique changeante des modèles climatiques.

13.1 Reconfiguration des régimes de précipitations
Les changements dans les régimes de précipitations remodèlent la géographie agricole, remettant en question la régularité des précipitations saisonnières et la disponibilité de l'eau pour l'irrigation. Les régions qui dépendent de régimes pluviométriques traditionnels sont confrontées à des crises résultant de sécheresses prolongées ou de précipitations imprévisibles.

13.2 L'augmentation des événements météorologiques extrêmes
Les phénomènes météorologiques extrêmes, tels que les vagues de chaleur, les tempêtes et les inondations, sont devenus des protagonistes récurrents. Ces phénomènes, qui entraînent des vents destructeurs et des pluies torrentielles, impactent directement les cultures, provoquent des pertes importantes et accroissent la vulnérabilité des systèmes agricoles.

13.3 La danse variable des températures moyennes et minimales
Les changements dans les températures moyennes et minimales influencent la phénologie des plantes, modifiant les taux de croissance et de production. Ce phénomène, dans certaines régions, crée des conditions plus favorables aux ravageurs et aux maladies, ce qui représente une menace tangible pour la

productivité agricole.

Agriculture de précision et révolution numérique
L'agriculture de précision, soutenue par les technologies numériques, apparaît comme une lueur d'espoir. Les capteurs à distance, les drones et les systèmes d'information géographique convergent pour assurer une surveillance et une gestion précises des conditions du sol, du climat et des cultures, redéfinissant ainsi la gestion agricole.

13.4 La frontière génétique et les cultivars résilients
La recherche génétique joue un rôle central dans la création de variétés végétales résistantes aux difficultés climatiques. Ces cultivars, conçus pour résister aux températures extrêmes, au stress hydrique et aux ravageurs induits par le changement climatique, constituent la première ligne pour sauvegarder la production agricole.

13.5 Équilibre durable et pratiques de conservation
Les pratiques agricoles durables, notamment la rotation des cultures, la lutte intégrée contre les ravageurs et la conservation des sols, apparaissent comme des remparts de résilience. Celles-ci augmentent non seulement la capacité d'adaptation au changement climatique, mais favorisent également la durabilité à long terme.

13.6 Défis futurs et stratégies d'atténuation
Il devient impératif d'affiner les modèles climatiques et les systèmes de prévision régionalisés. Anticiper avec précision les conditions météorologiques saisonnières permet aux agriculteurs de prendre des décisions éclairées concernant la plantation, l'irrigation et la récolte, encourageant ainsi une adaptation efficace.

13.7 Réduction de l'empreinte carbone agricole
L'agriculture apparaît comme une source notable d'émissions de gaz à effet de serre. Les stratégies d'atténuation, notamment les

pratiques agricoles à faibles émissions de carbone, la gestion efficace des engrais et la transition vers les énergies renouvelables, sont présentées comme des catalyseurs essentiels pour réduire l'empreinte carbone du secteur.

13.8 Coopération mondiale et politiques agricoles convergentes

Il est impératif de concevoir des politiques agricoles alignées sur le changement climatique et de promouvoir une coopération internationale forte. Le partage de technologies, de ressources et de pratiques durables entre les nations apparaît comme une approche collaborative essentielle pour garantir la sécurité alimentaire mondiale.

Le sort de l'agriculture, plongée dans un scénario climatique changeant, est intrinsèquement lié à la résilience, à l'innovation et à la coopération. L'agriculture façonnera non seulement sa propre adaptation au changement, mais, ce faisant, deviendra une force active dans l'atténuation des impacts environnementaux.

CHAPITRE 14 : CLIMAT URBAIN ET PLANIFICATION DURABLE

La croissance accélérée des zones urbaines a intensifié les défis liés au climat, nécessitant une approche intégrée et durable de la planification urbaine. Nous examinerons l'interaction entre le climat et les zones urbaines, en explorant des stratégies de planification durable pour faire face aux impacts du changement climatique sur les villes en expansion.

14.1 Ilots de chaleur urbains

L'îlot de chaleur urbain est un phénomène climatique qui se produit dans les zones urbaines où les températures sont nettement plus élevées que celles des zones rurales environnantes. Ce phénomène est causé par une combinaison de facteurs liés aux activités humaines et à l'environnement urbain. Voici quelques-uns des principaux contributeurs à la formation d'îlots de chaleur urbains :

1. Béton et asphalte: Les surfaces urbaines, comme les routes, les trottoirs et les bâtiments, absorbent et retiennent la chaleur plus efficacement que les surfaces naturelles, comme le sol et la végétation. Pendant la journée, ces surfaces se réchauffent au soleil et dégagent de la chaleur la nuit, contribuant ainsi à la hausse des températures urbaines.

2. Réduction de la végétation: le remplacement des espaces verts par des structures urbaines entraîne moins de végétation pour fournir de l'ombre et de la transpiration, un processus par lequel les plantes libèrent de la vapeur d'eau dans l'atmosphère, refroidissant ainsi l'environnement.

3. Activités humaines: Les émissions de chaleur des bâtiments, des véhicules et d'autres activités humaines contribuent à la hausse des températures locales. Les climatiseurs, les usines et les systèmes de chauffage sont des sources de chaleur supplémentaires.

4. Configuration des ventilateurs: Dans les zones urbaines, les bâtiments bloquent souvent la circulation de l'air, empêchant l'air frais de circuler et rendant difficile la dissipation de l'air chaud, ce qui peut intensifier l'effet d'îlot de chaleur.

Les effets des îlots de chaleur urbains peuvent inclure des températures plus élevées, une demande accrue de refroidissement, une consommation énergétique accrue, un inconfort thermique accru et même des impacts sur la santé publique.

14.2 Stratégies d'atténuation et d'adaptation

La promotion d'espaces verts et d'espaces publics durables contribue à atténuer les îlots de chaleur urbains en fournissant de l'ombre, en absorbant la chaleur et en améliorant la qualité de l'air. Cette approche répond non seulement aux défis climatiques mais contribue également au bien-être global de la communauté urbaine.

L'architecture durable et la conception de bâtiments économes en énergie sont essentielles à la réduction de la consommation d'énergie dans les zones urbaines. Les matériaux de construction réfléchissants, les systèmes de ventilation efficaces et l'intégration de technologies d'énergies renouvelables sont des stratégies cruciales dans le développement de villes durables.

14.3 Planification intégrée de l'aménagement du territoire et des transports

L'intégration de l'aménagement du territoire et de la planification des transports est essentielle pour réduire les émissions de gaz à effet de serre dans les zones urbaines. Promouvoir les transports publics, développer des pistes cyclables et créer des zones piétonnes sont des initiatives qui non seulement luttent contre le changement climatique, mais améliorent également la mobilité urbaine.

14.4 Croissance urbaine durable et expansion planifiée

Le défi consiste à concilier la nécessaire croissance urbaine avec des pratiques durables. L'expansion prévue, tenant compte des principes de durabilité, offre des opportunités pour créer des villes plus résilientes, efficaces et vivables.

14.5 Participation communautaire et sensibilisation à l'environnement

La participation active des communautés et la sensibilisation à l'environnement sont des éléments clés de la mise en œuvre réussie de stratégies d'adaptation climatique dans les zones urbaines. Les initiatives éducatives et l'inclusion de la communauté dans le processus de planification sont essentielles à la promotion d'un état d'esprit durable.

14.6 Technologies innovantes et villes intelligentes

L'intégration de technologies innovantes et le développement de villes intelligentes offrent des opportunités pour améliorer l'efficacité des services urbains et surveiller et réagir rapidement au changement climatique. Les capteurs environnementaux, les réseaux énergétiques intelligents et les solutions de gestion des déchets sont des exemples d'innovations qui peuvent contribuer à des villes plus durables. Le défi consistant à harmoniser le développement urbain avec la durabilité climatique est un défi constant. Une planification urbaine durable, imprégnée d'innovations technologiques et de participation communautaire, est la clé pour créer des villes résilientes et adaptables face aux défis posés par le changement climatique.

CHAPITRE 15 : CLIMAT ET SOCIÉTÉ : IMPLICATIONS ET DÉFIS

La relation entre le climat et la société est complexe et multiforme. Ce chapitre explore les implications du changement climatique sur les communautés humaines, mettant en évidence les défis émergents et les stratégies nécessaires pour promouvoir la résilience et l'adaptation face à un climat en évolution.

Les changements climatiques affectent la production agricole et compromettent la sécurité alimentaire. Les communautés dépendantes de l'agriculture sont confrontées à des défis croissants, notamment la variabilité des cultures et la perte des cultures de subsistance.

L'incidence des maladies à transmission vectorielle telles que le paludisme et la dengue est corrélée au changement climatique. La hausse des températures et la modification des régimes de précipitations ont un impact sur la répartition géographique de ces maladies, affectant la santé publique et le bien-être des communautés.

Des événements météorologiques extrêmes, tels que des inondations et des sécheresses prolongées, peuvent déclencher des migrations forcées. Les communautés côtières, en particulier, sont confrontées à des menaces croissantes liées à l'élévation du niveau de la mer, ce qui entraîne des déplacements et des pressions supplémentaires sur les zones urbaines.

Les communautés marginalisées, souvent dépendantes des ressources naturelles, sont confrontées à une vulnérabilité exacerbée. Les stratégies d'adaptation doivent intégrer une approche équitable, reconnaissant et abordant les disparités sociales dans la capacité à répondre au changement climatique.

Une gouvernance efficace est essentielle pour coordonner les efforts d'atténuation et d'adaptation. La coopération internationale, qui facilite le transfert de technologies et de ressources, est essentielle pour renforcer la résilience des communautés et des pays les plus vulnérables.

L'éducation joue un rôle central dans le développement de la résilience. La sensibilisation au changement climatique, à ses impacts et aux pratiques durables est essentielle pour permettre aux communautés de prendre des mesures proactives et de participer activement à l'adaptation.

Les innovations technologiques telles que les systèmes d'alerte précoce, les applications de prévisions météorologiques et les technologies agricoles avancées jouent un rôle crucial dans le renforcement de la résilience. La mise en œuvre de ces technologies peut améliorer la capacité des communautés à répondre au changement climatique.

La transition vers des sources d'énergie renouvelables est une stratégie fondamentale pour réduire les émissions de gaz à effet de serre. Le développement d'infrastructures durables et la promotion de pratiques énergétiques propres sont des éléments essentiels de la construction d'une société résiliente au changement climatique.

La prise en compte des questions éthiques est essentielle dans les débats sur le changement climatique. L'équité intergénérationnelle et la responsabilité historique mettent en évidence la nécessité de s'attaquer aux inégalités résultant des activités passées et présentes qui ont contribué au changement climatique.

La poursuite de la justice climatique implique de garantir que les communautés les plus touchées aient leur mot à dire dans les décisions qui ont un impact sur leur vie. La participation active de la communauté à l'élaboration des politiques et des stratégies est essentielle pour garantir une approche juste et équitable.

La relation complexe entre le climat et la société exige des approches holistiques et collaboratives. Alors que nous sommes confrontés aux défis posés par le changement climatique, il est impératif d'adopter des stratégies qui favorisent la résilience, l'équité et la durabilité, garantissant ainsi un avenir vivable à toutes les communautés.

CHAPITRE 16 : OUTILS ET MODÈLES EN CLIMATOLOGIE

Comprendre les régimes météorologiques et le changement climatique nécessite l'utilisation de divers outils et modèles climatologiques. Explorons les principales techniques et approches utilisées pour analyser et prédire le climat, en soulignant l'importance de ces outils dans la recherche climatologique. La variété des instruments utilisés pour collecter des données météorologiques est décrite. Des thermomètres et baromètres aux satellites et radars, les instruments jouent un rôle crucial dans l'obtention d'informations précises sur les conditions météorologiques.

Télédétection fait référence à l'obtention d'informations sur des objets, des zones ou des phénomènes sur Terre (ou sur d'autres corps célestes) sans être en contact physique direct avec eux. Ceci est réalisé grâce à la détection et à l'analyse du rayonnement électromagnétique réfléchi, émis ou transmis par les objets en question.

Des capteurs à distance peuvent être installés sur des satellites, des avions, des drones ou d'autres plates-formes pour collecter des données sur la surface de la Terre. Ces capteurs peuvent capturer une variété de longueurs d'onde électromagnétiques, de la lumière visible au rayonnement infrarouge et micro-ondes. Différents types de capteurs sont utilisés à différentes fins, telles que la surveillance du climat, la détection des changements de couverture terrestre, l'observation des ressources naturelles, la cartographie topographique, entre autres.

Cet outil joue un rôle fondamental dans plusieurs domaines, notamment la surveillance environnementale, l'agriculture de précision, la gestion des ressources naturelles, la prévention des catastrophes, l'urbanisme, la cartographie et les études scientifiques. La capacité d'obtenir efficacement des informations détaillées sur de vastes zones géographiques fait de la télédétection un outil précieux dans de nombreux domaines.

La modélisation climatique est une approche scientifique qui utilise des modèles informatiques pour simuler le comportement du système climatique terrestre. Ces modèles sont construits sur la base de principes physiques, chimiques et mathématiques qui représentent les interactions complexes entre l'atmosphère, les océans, la cryosphère, la biosphère et d'autres composants du système Terre.

Les modèles climatiques sont essentiels pour comprendre les conditions climatiques passées, présentes et futures, ainsi que pour étudier les impacts des activités humaines, telles que les émissions de gaz à effet de serre, sur le changement climatique. Ces modèles prennent en compte une variété de processus, notamment le rayonnement solaire, la circulation atmosphérique, le transfert de chaleur des océans, la formation des nuages et les interactions terre-atmosphère.

Les climatologues utilisent des données d'observation pour initialiser et valider ces modèles. Ils effectuent également des simulations pour explorer différents scénarios climatiques dans différentes conditions, telles que l'augmentation des concentrations de gaz à effet de serre. La modélisation climatique contribue de manière significative aux prévisions climatiques à court et à long terme, permettant aux chercheurs et aux décideurs politiques de mieux comprendre la dynamique climatique et de prendre des décisions éclairées liées au changement climatique et à l'atténuation de ses impacts.

Les systèmes d'information géographique (SIG) sont des outils technologiques qui intègrent des données géographiques pour stocker, analyser, interpréter et visualiser des informations liées à des emplacements spécifiques sur Terre. Ces systèmes permettent la combinaison de données spatiales (informations avec des composants de localisation géographique) avec des attributs associés auxdits emplacements, offrant ainsi une compréhension plus complète et contextualisée des phénomènes et des modèles.

Principales caractéristiques du SIG:

1. Intégration des données spatiales: Le SIG permet la combinaison de données provenant de diverses sources, telles que des cartes, des images satellite, des données de télédétection, des informations topographiques, entre autres, pour créer des ensembles de données géoréférencées.

2. Analyse spatiale: Les utilisateurs peuvent effectuer une analyse spatiale complexe pour identifier des modèles, des tendances et des relations entre différents éléments géographiques. Cela inclut des opérations telles que la superposition, la proximité et l'analyse des modèles spatiaux.

3. Visualisation: Le SIG propose des outils pour créer des cartes thématiques et des visualisations interactives, facilitant l'interprétation et la communication de l'information géographique.

4. Stockage et gestion des données: Les données géographiques sont stockées de manière organisée dans des bases de données géographiques, facilitant l'accès, la mise à jour et la gestion efficace de l'information.

5. Prise de décision: Les SIG sont largement utilisés dans la prise de décision dans divers domaines, tels que l'urbanisme, la gestion environnementale, l'agriculture, la surveillance des catastrophes, entre autres.

6. Modélisation et simulation: Certains SIG permettent la création de modèles et de simulations pour mieux comprendre les impacts des changements et des événements dans un contexte géospatial.

Les SIG sont appliqués dans divers secteurs, notamment la géographie, la géologie, l'écologie, l'urbanisme, l'agronomie et la gestion des ressources naturelles, entre autres. Ils jouent un rôle clé dans l'analyse spatiale et l'obtention d'informations précieuses pour la prise de décision dans diverses disciplines.

*analyse statistique*En climatologie, cela fait référence à l'application de méthodes statistiques pour comprendre les modèles, les variations et les tendances des données climatiques. Cette approche est essentielle pour extraire des informations significatives à partir de vastes ensembles de données climatiques, permettant ainsi aux climatologues et aux météorologues de mieux comprendre le comportement climatique au fil du temps.

Les principales techniques d'analyse statistique utilisées en climatologie comprennent :

1. Tendances temporelles: L'analyse des tendances cherche à identifier les changements systématiques au fil du temps des variables climatiques, telles que la température moyenne, les précipitations, entre autres. Cela peut impliquer des méthodes telles que la régression linéaire pour quantifier la direction et l'ampleur des changements.

2. Analyse de variabilité: La variabilité climatique fait référence aux fluctuations naturelles des conditions météorologiques au fil du temps. Les méthodes statistiques, telles que l'analyse des séries chronologiques et les indices de variabilité, aident à quantifier ces fluctuations et à identifier des schémas récurrents, comme El Niño et La Niña.

3. Distribution de probabilité: La climatologie traite souvent d'événements extrêmes tels que les vagues de chaleur, les tempêtes et les sécheresses. L'analyse statistique de la distribution de probabilité de ces événements permet d'estimer la probabilité de survenance et d'évaluer les risques associés.

*4. **Corrélation et régression**: Des analyses de corrélation et de régression sont utilisées pour comprendre les relations entre différentes variables climatiques. Par exemple, vous pouvez analyser la relation entre la température de l'air et la quantité de précipitations dans une région donnée.

*5. **Analyse spatiale**: En plus des analyses temporelles, l'analyse statistique peut également être appliquée spatialement. Cela inclut l'identification de modèles géographiques tels que les gradients de température ou les variations de précipitations dans une région.

L'analyse statistique en climatologie est cruciale pour interpréter des données climatiques complexes, fournissant des informations sur les modèles climatiques, les changements à long terme et les événements extrêmes. Ces informations sont essentielles à la prise de décision dans des domaines tels que la gestion des ressources en eau, l'agriculture, l'urbanisme et l'adaptation au changement climatique.

Les modèles de circulation générale (GCM) sont des outils informatiques avancés utilisés pour simuler le système climatique terrestre à l'échelle mondiale. Ces modèles sont basés sur des principes physiques et mathématiques qui décrivent les interactions complexes entre l'atmosphère, les océans, la cryosphère (couches de glace et de neige), la biosphère et d'autres composants du système Terre.

Principales caractéristiques des modèles de circulation générale :

*1. **Échelle mondiale**: Les GCM couvrent la totalité de la Terre et divisent la planète en une grille tridimensionnelle pour représenter l'atmosphère et la surface de la Terre. Cela permet la simulation de processus à l'échelle mondiale.

*2. **Résolution spatiale et temporelle**: Ces modèles ont des résolutions spatiales et temporelles variables, permettant la représentation de phénomènes à différentes échelles, depuis les modèles climatiques globaux jusqu'aux événements locaux.

3. *Composantes atmosphériques et océaniques* :Les GCM comprennent des modules pour simuler l'atmosphère et l'océan, en prenant en compte des processus tels que la circulation atmosphérique, le transfert de chaleur dans les océans, la formation des nuages, entre autres.

4. *Cycles biogéochimiques*: Certains GCM intègrent des composants biogéochimiques pour simuler les cycles du carbone, de l'azote et d'autres éléments, permettant une approche plus globale des interactions entre l'atmosphère et la biosphère.

5. *Forces externes* :Les GCM peuvent être utilisés pour évaluer l'impact des forçages externes, tels que les changements dans les concentrations de gaz à effet de serre, les aérosols et d'autres changements dans la composition atmosphérique.

6. *Projections climatiques*: Les MCG sont largement utilisés pour réaliser des projections climatiques futures, en considérant différents scénarios d'émissions de gaz à effet de serre. Cela aide à comprendre les changements climatiques possibles et leurs impacts.

Les modèles de circulation générale sont fondamentaux pour la recherche en climatologie et sont utilisés pour étudier le changement climatique, comprendre les modèles climatiques passés et présents et prévoir des scénarios futurs possibles. Ils jouent un rôle crucial dans l'évaluation des impacts des activités humaines sur le climat mondial et dans la formulation des politiques liées au changement climatique.

Technologie SIG

ÉPILOGUE

Alors que nous arrivons au terme de ce parcours à travers les pages consacrées à l'étude de la climatologie, il est impératif de réfléchir aux interactions complexes entre climat et société qui ont été minutieusement explorées tout au long de cet ouvrage. Comprendre la météo va au-delà des cartes météorologiques et des tendances météorologiques ; Elle découvre les relations complexes entre l'environnement naturel et le monde humain.

Ce livre cherchait non seulement à présenter des concepts académiques, mais nous incitait également, lecteurs et chercheurs, à considérer les implications éthiques et sociales du changement climatique. Depuis les premiers chapitres consacrés aux couches atmosphériques jusqu'aux discussions sur l'impact sur les communautés, le fil conducteur était la prise de conscience que le climat n'est pas seulement un phénomène lointain, mais quelque chose qui façonne nos vies au quotidien.

L'approche interdisciplinaire adoptée ici cherchait à souligner l'importance de relier les points entre les différents domaines de connaissances. La climatologie, par nature, transcende les frontières, réunissant les sciences naturelles, sociales et humaines. Dans chaque chapitre, nous explorons non seulement les fondements scientifiques mais également les implications éthiques, politiques et sociales du changement climatique.

Le défi auquel nous sommes confrontés en tant que société est clair : il est urgent d'agir. Les preuves scientifiques présentées tout au long de ce livre sont indéniables. Le changement climatique est une réalité qui nécessite une réponse collective. Le rôle de l'éducation, de l'innovation technologique, de la planification urbaine durable et de la justice climatique devient de plus en plus crucial.

La prise de conscience suscitée par ce livre ne doit pas se limiter aux pages imprimées, mais doit se traduire en actions concrètes. Nous devons traduire les connaissances acquises en pratiques quotidiennes qui favorisent la durabilité, la résilience et la justice. Chacun de nous joue un rôle essentiel dans la construction d'un avenir dans lequel les générations futures pourront hériter d'une planète saine et équilibrée.

Puisse ce livre être non seulement un point final, mais aussi le point de départ d'un voyage continu vers la compréhension, la responsabilité et l'action. Puissent les idées présentées ici servir de phare éclairant la voie vers un avenir où l'harmonie entre l'humanité et le climat n'est pas seulement une aspiration, mais une réalité réalisée.

---

[1]Des vents qui divisent les terres de l'Algarve. D'un côté se trouve le côté au vent, de l'autre, le côté sous le vent.

[2]En physique, système isolé de tout échange thermique.

[3]L'échelle Saffir-Simpson, créée en 1969 par Herbert Saffir et Robert Simpson, classe les cyclones tropicaux en cinq catégories, en fonction de l'intensité du vent.

À PROPOS DE L'AUTEUR

José Ruiz Watzeck

Journaliste, écrivain, auteur, géographe, mathématicien, professeur, neuropsychopédagogue, spécialiste de l'enseignement supérieur, diplômé en audit, gestion et licence environnementale, diplômé en géotraitement et géoréférencement, pédagogue.